BLACK SWAN | 黑天鹅图书

为 人 生 提 供 领 跑 世 界 的 力 量

BLACK SWAN

别说一切都是家人的错

〔日〕下重晓子 著
许婷婷 译

文化发展出版社
Cultural Development Press

目录

02 家人这种病

03 了解你的家人

04 给离世家人的信

序／
其实大家都不了解自己的家人

“你了解你的家人吗？”

这是我对“家庭”提出的最犀利的问题。

对家人关系感到迷惘的你，或许已有了自己的答案。

何为家人

每每和友人见面时，我都会习惯性地问他们：

“你了解你的家人吗？”

他们都会用狐疑的表情回答我：

“当然了，我们很了解家人呀！”

“真的吗？”

我不厌其烦地又问一次，令他们心生疑惑，反问我：

“为什么要这么问呢？难道你不了解自己的家人吗？”

没错，我最近因为不了解自己的家人而感到愕然。

父亲到底是怀抱着何种信念而活？母亲为何对我倾注近乎异常的关爱？哥哥对我这个妹妹到底是怎么想的？我都一无所知……

如果我早一点儿问他们就好了，但这一切为时已晚，因为他们去了一个我再也无法沟通的世界。我只能在心里不停地思索这些问题。

相反，我会为了了解好友而常常与他们沟通交流，因此比起家人，我更了解朋友。我想，这是因为朋友之间可以不被亲情迷惑，能从理性的角度判断彼此的一切，因此能更准确地掌握彼此的关系。

相比较而言，虽说是长年生活在同一个屋檐下，但到头来还是不知道何为家人。因为每天为了柴米油盐酱醋茶的生活而忙碌，所以自始至终都未曾走进对方的内心世界。不，或许是认为“我不能踏进那个世界”，所以大多只在脑海中一边想着“啊，是这样啊”，然后一边守护着家人。

每当电视报道家暴新闻时，我都会想，如果亲子间多一些对话，或是家庭氛围再好一点，应该会减少这类事件的发生吧。但我想，有些事本来就是不太可能改变的，或者很难改变。

孩子有时不愿被父母探听自己的内心，也不愿让父母担心。如果父母发觉孩子有异样，常常会企图探问。如果孩子还小就另当别论，他们从小学进入中学，身心慢慢转变为大人，处在青春期的孩子大多不愿被父母窥探内心，正因为处在这个阶段，所以孩子才想远离父母这个近在身边的“权威”，青春期孩子的冲动行为和他们敏感的内心常常是背道而驰的。

为何这些孩子受到父母的虐待，却不愿对外求援呢？我想，他们对外应该是不愿说任何一句父母的不是，而只是说自己的不对。就算受挫，孩子也还是想守护家人。

把这些残酷的行为强加给孩子的家长到底是怎么了？

从我开始想了解“何为家人”这点谈起吧。

当我把“家人”视为一个群体时，我发现我根本回答不出“何为家人”。但是，当我把每个家庭成员单独思考一遍，把父亲、母亲、哥哥都视为“个体”时，我便可以讲出他们的关联性了。

我不是很擅长以“家人”为出发点的思考模式。因此，我打算从每个人都是独立个体的角度来思考“何为家人”。

为何我要避开家人

每每想到父亲，我内心总会一阵刺痛。我曾极力避免与父亲四目相交，生活上也尽量不和他接触。这到底是从何时开始的？又为什么会这样呢？

对年幼时的我来说，父亲是一种憧憬。他是陆军军官，每天都有人来接他，他身着军服，脚穿长靴，“咻”地一转身披上披风，脚一蹬，跨上马就出门了。每天早上，我被母亲抱在怀里，目送父亲离开。

“二战”战败后，父亲宛如过气的偶像般消沉。他的志愿原本是当一名画家，但他是军人世家中的长子，便被迫进入军校学习。据说他曾几度翘课，跑去上绘画班，每次都被抓回去并且受到在走廊上端着装满水的洗脸盆罚站，最后父亲只好放弃绘画。到底为何要放弃呢？如果真的那么喜欢，就算离家出走也应该选择自己喜欢的道路啊。

他曾把自己的书房当作工作室，闲暇之余就会埋头创作油画，甚至连外出公务期间，他也会把风景素描寄回家。我和父亲见面本来就少，即使在家，我也尽量避免和他照面。每每看到父亲拖着受过伤的脚一瘸一拐地走路，我都会绕开，就连同桌用餐时，也会避免与他对话。

为何我不愿和父亲说话呢？因为他是个情绪非常容易激动的人，所以我一开始以为，我是不愿意看到父亲暴怒的样子，但我内心最原始的想法是对他的反抗。那时的我拒绝理解父亲。自从我不再与父亲沟通，直至他因老年人肺结核离世，我都一直以工作忙碌为由，从未去医院探望过他。

父亲过世后，我看到他住过的病床旁贴着我的新闻采访，我只能别过视线，不去看、不去想。一走出病房，看到走廊上贴着父亲写的俳句[①]：

春兰萌芽专心祈求，子之考试

红绢布挂衣桁角落，待嫁女儿

父亲骨子里是个艺术家，纤细敏感，容易受伤，也是个很温柔的人。我的内心一阵痛楚，慌忙低下头，别开眼。

父亲生前，我不愿和他说话，一直别着脸不与他对视，以冷冰冰的背影相对。

当父亲的主治医生写信问我“为何不来探病”时，我在想：“你懂我和父亲间的矛盾、争执吗？”为此我非常生气。我不打算询问父亲真正的想法，也不愿意花心思去理解父亲，现在想来，当时我的内心确实有点儿别扭且羞于启齿。

另外，我确实不想像廉价的肥皂剧一样，最后以双方和解、彼此拥抱的结局来换取内心的一点点满足。父亲和我经常都是剑拔弩张的样子，就这点来说，我和他在处理情感的方式上有点儿相似。我想，或许我们才是最了解彼此的人吧。

①日本的一种古典短诗，由“五—七—五”，共十七字音组成。

母亲离世已经超过20年，就在3年前，我在轻井泽的山庄里，发现了我所不了解的母亲的另一面。

母亲为了我什么都愿意付出。可以说，她是一个为女儿而生的人，她对我倾注了所有的关心与亲情，为此我感到异常烦恼，从某个时期开始就不再跟母亲说有关自己的事。无论是我上过的电视节目还是写过的文章、书籍等，母亲都是从友人的口中得知，为此她感到非常悲伤。我常想如果她能多为自己而活，我也会比较轻松。

我在轻井泽的山庄里整理母亲的遗物时，发现了母亲在结婚前与在外执行公务的父亲有上百封的书信往来。信中的母亲满含少女情怀，那是我所不了解的母亲。母亲生于雪国上越，每天与无边无际的皑皑白雪相处，在灰白的世界里，直到遇见父亲才把内心累积的热情一下子爆发出来。在这些信件中，我看到了母亲钢铁般的意志。

母亲是父亲的再婚对象，父亲在上一段婚姻里育有一个3岁的儿子，母亲曾在信中写道："为了了解这个孩子，我希望生一个自己的孩子。"而我就是母亲在那样的意志下所生的孩子。

哥哥直到上大学前都不知道这件事。后来，他和父亲的关系降到冰点，去了东京的祖父母家，并在他们的照顾下长大，因而我没有什么和哥哥面对面谈话的印象。当时心想着反正来日方长，没想到哥哥罹癌，1年后便离开了人世。

结果，在我深入了解父亲、母亲和哥哥前，他们都离开了人世。

相信不止我一个，会有很多人和我一样，在不了解家人的状况下、不确定父母或兄弟姐妹的想法前，就这般匆匆地面临了生离死别。

我们生来不能选择家人，从出生就决定了将来成长的框架，然后就在这个框架里，扮演着我们在这个家庭里的角色，扮演着名为父亲、母亲和孩子的各种角色。以“家和万事兴”为名，彼此装模作样，相信彼此相爱着，仿佛家庭是一个可以彼此理解、互相包容的美好空间……在这里，个体被埋没，然后衍生出“家庭”这个巨大产物。

但我认为，了解家人的方法并非陷于“家和万事兴”的幻想，而是找回每个人的独立个体，不是吗？

01
如何处理困难的家人关系

亲子疏离、夫妻不睦、金钱纠纷……

层出不穷的家庭问题，

原因都来自“过多的期待”！

盲目相信家人的人

2015年新年，日本发生了一起儿子杀死亲生父母的事件，电视媒体纷纷把这件事当作一起大案件报道。我虽不知道详情，但听说是在父母和两个儿子组成的家庭中，小儿子杀死双亲的事件。

听到这件事的街坊邻里的反应各异。

有人说："真看不出来他们是那样的家庭……"

也有人说："真难以置信！大过年的，不知道为什么会发生这种事，太不可思议了！"

大家都单方面地认为在过年这样喜气洋洋的日子里，不可能发生这种不幸，而且还是发生在家人之间……我想这应该是深信家庭之人的想法吧。

这样的反应其实非常自然，人们普遍认为家人之间不会发生这样的事。所以大家想把事件导向为：从因为周遭环境的不正常、与自己无关的方向去思考。因此，一旦发生这种憾事，就会有不敢相信或不可思议等反应出现。

我在电视台担任记者时，曾经采访并报道过类似的事件。在我采访时，也常听到类似的反应和言论。

若是在自家附近发生了火灾、盗窃或杀人等社会案件时，就会有人说：“这附近怎么可能发生这种事情？”

或者说：“在这么安静的住宅区发生这种事，我想都没想过。”

大家认为自己的身边都是好人，不可能发生这种恶劣事件，或者觉得这类事件跟自己无关，只有在电视或报纸上才会看到。

最显著的例子就是电信诈骗，骗子会假装成受害者的孩子或孙子，假装陷入困境，然后打电话请求金钱支持。他们会以公款遗失或是被偷，急需用钱；或是谎称自己感冒；亦会有人佯装成警官等为理由。总之，诈骗手法日新月异。

为何会有人把家人的请托毫不怀疑地信以为真呢？我想这是因为人们太相信家人，把家人的危机当作自己的，觉得非救不可。

但是，就算骗子再怎么伪装，为何只凭一通电话就能轻易上当呢？为什么不经确认就相信了那样的谎言呢？

我想，在欧美，这样的诈骗估计很难成功。但是在日本，尽管这种电信诈骗案频频登上报纸版面，警察机关也常提醒大家要注意，但是一旦发生在自己身上，被害者大多会自认倒霉，选择“大事化小，小事化了”，难怪这样的受害者一直没有减少。

我在银行曾经目睹过这样的情况。有位年长的妇人正打算汇出大笔巨款时，被银行职员察觉到异样进而询问，妇人马上回答：“如果不赶快汇出去，我的孩子就惨了。”大家把孩子的危机看成自身的危机，就算是已经成年的孩子，也仍会想办法帮助他。

虽然这也许是温馨感人的亲情使然，但是缺少理性谨慎的思考，慌乱下就容易做出有欠思虑的举动。

日本和欧美社会有一个决定性的差异，就是个人主义和家庭主义的不同。我们不能单纯地说哪个好或哪个不好，但在家庭这个单纯的空间里，犯罪确实是比较容易潜入的。

我也曾经接到过一通电话，对方知道我的姓名，还说我先生因为在电车上骚扰女性，被扣留在站长室。并且对方表示自己是帮我解决这件事的律师，还要私下和解，因此让我去筹钱。

我知道我先生那时正要坐电车到大学教书，所以就将计就计，仔细问他“那个人身高是多少”“是胖还是瘦”等。

果然如我所想，确实很可疑。我一问，电话那端的人一时语塞。所以就算对方装得再像，只要我们好好询问细节，就不会上当。

因为是家人的事，所以很难保持平常心，就算觉得可疑，也一心想着要赶快解决，所以才让对方有机可乘。为何我们会失去怀疑和再次确认的冷静呢？

为何会盲目相信家人

我们往往会认为家人之间有深厚的信赖基础，应该不会发生冲突，所以不愿承认家庭成员的个人想法与自己之间的差异。

我总是在某个案件或事故发生时，想着也许明天就轮到我了。所谓的家庭，其实每位成员都是不同的个体，个体与个体之间即使产生冲突，也没什么好大惊小怪的。

虽然不至于发生什么大事，但是亲子间的争执或兄弟阋墙等也都是日常生活中会发生的。可能是当时有一方忍了下来，或是另一方有所缓和，之后就好像若无其事地照常过日子。可是，积少成多，小嫌隙可能会变成大心结。

在我家，家人之间也是会闹别扭的。父亲因为无法克制战后被迫卸下公职的焦躁情绪，有时会对母亲动手。

而我则是尽量不和父亲照面以避免冲突。上中学的哥哥，因为青春期的叛逆心理作祟，最终还是避免不了跟父亲的正面冲突。

某天，我从学校一回到家，就听到父亲和哥哥的怒吼声，其中也夹杂着母亲的哀求声。我悄悄靠近一看，两个男人互相揪着对方，母亲则为了阻止他们，拼命地想把两人分开。

父亲和哥哥两人当下完全无法听进对方的话，场面惊险万分，如果附近有刀器或其他危险物品，真不知道会发生什么事。现在想来，那时就算演变成什么案件也不奇怪。虽然母亲死命劝阻才拉开他们，但也因为当时父亲的一巴掌，导致母亲耳朵鼓膜破裂。现在想起来，我还是会害怕得直打哆嗦。因为这件事，哥哥去了东京的祖父母家，得以与父亲分开，不再发生冲突。

如果哥哥仍待在家里，我想很可能会发生社会事件。

因此，就算我听过许多形形色色的案件，也不会觉得不可思议。

不管家人之间有着怎样的氛围，都会有类似的事情发生。正因为太亲近，所以一旦产生憎恨，就如泉涌般，憎恨越大越无法原谅，就越容易发展成极端事件。

有些人认为自己与家人绝不会发生那样的事，我觉得这是一种过度的自信。我觉得每个人都应该有一种家庭里什么事都有可能发生的认知才行。

不婚男女增加的原因

每年的年初一去拜年时，我总会发现，许多人想趁着新年让自己心境归零，重新开始。每个人双手合十，在心中默默许下的愿望是什么呢？我想绝大多数人的心愿都是祈求阖家安康。

我看了绘马①就知道，如果有迫在眉睫的考试就会写希望金榜题名。但一般来说，希望家庭幸福圆满、家人身体健康的占大多数。

借由焚烧祭品来许愿的护摩②仪式，大致上也是雷同的。

①日本人许愿时使用的木板。在木板上面写上自己的心愿，神社举行法事时，将木板烧掉，人的愿望就会随之实现。

②意译为火供，最早来自婆罗门教的吠陀祭祀，后融入佛教成为修行仪式的一种，主要盛行于佛教金刚乘和日本神道教。深层的含义表示净化，清净、扫除障碍。

前阵子住在神乐坂的友人开车经过饭田桥车站时，发现有许多人排着长队，甚至出动警察来指挥交通。

饭田桥车站附近有一座东京大神宫。这里因为供奉了专门帮人牵线结缘的神明而引起了交通堵塞，不仅是年轻男女，还有想找个好伴侣的大龄男女也加入了队伍。

人们都想寻求良缘，换句话说，大家都为了想要有家人而求神拜佛。

某年年底我去松江演讲，顺便探访八重垣神社时，我深刻地感受到祈求姻缘的神社是时下的热门。

八重垣神社位于人烟稀少的地方，我喜欢这座神社的小巧精致和矗立一方的古风意境，但这次的感受却完全不同。我以前也曾探访过几次，几乎没什么人，但这次造访却因人潮涌至而喧嚣嘈杂。女性特别多，她们把许愿时祭祀给神佛的钱丢入池塘，再把写着心愿的许愿纸放在池里让它漂走。之前不曾见到什么访客，而如今我却体会到了现实生活的真实感。

像女性这样积极地求良缘，相较之下，男性却很少这么做。男性当然也想找伴侣，但目光却是投向二次元的幻想世界。我想这应该就是“宅男”增加的原因吧。

我听家中有孩子的友人说，女儿到了一定年龄就会离家一个人住，找工作然后谈恋爱。没出息的通常是儿子，不管年纪多大就是不愿离家，一直与母亲一起住。因为赖在家里比较轻松，而且有人帮忙做家务。

男女的生存方法仿佛倒转般，反而是男性不愿自立。是没自信吗？还是活在只有自己的世界里比较安心呢？就算母亲说出“真是伤脑筋”的话，他们似乎也没觉得有什么不好。

结果，亲子间就这样彼此依赖着生活。

不知父母是否因为很心疼无法与人好好相处且交不到女朋友的儿子，所以才迟迟无法放手呢？只要孩子长大成人，没有什么太大的问题，独立自主是理所当然的。即使是动物，也是在幼崽时，父母才为它们找来饵食，小心翼翼地呵护它们免于外敌的欺侮。但是孩子一天天地长大，以某日为界限，就不该再无微不至地照顾，而是要让他们自己觅食，靠自己的力量求生才行。

就如能剧《石桥》中所说，狮子把已长大的小狮子从悬崖上推落，这样才能把心一横彻底对孩子放手，让孩子离开父母的羽翼。但是我们人类却越来越做不到了。

这并非世态炎凉，只是我们习惯于互相依靠，所以才造就越来越多无法独立的孩子与无法放手的父母。

对孩子无法放手的父母，让人看不下去

所谓的一家人就是一起共度一段时间后分离，然后远远彼此守护的关系。

如果永远在一起会怎么样呢？就会有越来越多不工作、不独立的大人——“啃老族”。我的一个友人就是这种典型的母亲。她与丈夫育有两个孩子，她从年轻时就在大学当行政人员直到退休。后来，她以退休为契机毅然决然地做了一个决定——

她与不睦已久的丈夫离了婚，开始计划一个人生活。女儿已长大成人，并建立了自己的家庭；有问题的是她儿子，她儿子总是赖在家里，虽然有工作，但并不打算独立自主。

她心意已决，为此还采取了看似激烈的手段。她把东京的家整理好后，就搬到了京都生活，并且在郊外租了个房

子，催促儿子赶快搬出去。虽然以前觉得这样做儿子很可怜，也觉得如果自己不照顾儿子，不知他会怎么样，但是这次她狠下心了。

往后的人生，她决定要为自己而活，因此才决定和儿子分道扬镳。因为如果再住在一起，说不定会重蹈覆辙。

一开始没什么自信且一直爱抱怨的儿子搬进了租赁的公寓后，开始了一个人的生活，自此他也许会开始不同的生活。

“这是个太迟的决定。”

话虽如此，但我想这对她和她儿子来说都是重要的决定。

在京都她看遍了多年梦想的神社、佛寺，享受了歌舞伎的奥妙，并且追随着歌舞演员片冈仁左卫门的脚步，一个人活得神采奕奕。

她不会主动联络儿子。

“我想他应该以自己的方式生活。”她斩钉截铁地说。

我知道孩子会想永远跟父母在一起，因此造就了太多无法独立的孩子与无法放手的父母。我想原因不在孩子，父母的因素可能比较大。

大家都说，孩子是看着父母的背影长大的。若是看透父母的本心，而一直想依赖着父母，那就永远无法独当一面。

在我看来，父母想跟孩子互相依靠是出于安心感，但是不管内心如何担心，表面上还是要装作潇洒，远远地守候着。我觉得为了孩子有必要狠下心。

孩子还小时，不管如何照顾、呵护都不要紧，但是到了某个年龄后就需要把孩子看成独立的个体。例如，过去的元服——日本的成年礼，我就非常认同。不是满20岁才是成人，在虚岁十五六岁行元服礼后，就必须独立了。

责任感会让人成长。虽然我们会担心孩子是否能承担责任，但是只要把人放在独立的环境中，人就会开始改变。

就像让年轻人担任社长职位，虽然令人感到不安，但是身处的立场不同，人的态度就会随之改变，这种例子并不少见。

“如果没有我，这孩子大概就过不下去了。”这是一种过度自信的想法。

大家常说：“没有父母，孩子依然会长大。”就算环境多么恶劣，但孩子仍会承袭上一辈吃苦耐劳的精神好好活下去。

父母和孩子还是要尝试各自独立生活，若是一方年老或体弱，重新考虑也可以。

我的情况就是如此。

父母在老家时都好好的，但是父亲过世后，只剩下母亲一人，这时我就会认真考虑同住的可能。老家有足够我们夫妻俩居住的空间，一般人们也许会选择和母亲同住，但我却选择继续住在大楼里。只要母亲想来随时欢迎，想住也有地方住。

我结婚后，丈夫外派的前两年，我们和母亲住在一起，那是一段非常痛苦的时间。

母亲非常宠爱我，眼中似乎只有我一人，对我倾注了全部的爱。但这对我而言，在一定程度上是负担。

我本来想说，我有了人生伴侣，母亲应该或多或少有些改变，但还是出现了类似婆媳问题的岳婿问题。母亲对我这个独生女有非常强的占有欲，因此一直觉得我是被抢走的。我知道她一直努力克制着自己的控制欲，但还是会时不时地显露出来，而且还装作不满意我丈夫，对我一直抱怨。

因为工作关系鲜少在家的丈夫也许没有发现，但是我夹在丈夫与母亲间则感到万分忧郁。

因此，在独生子身上发生的事，也会发生在独生女的我身上。我实在不想听到母亲的唠叨。

于是，我趁工作之便，搬到了离老家只有30分钟车程的市中心大楼居住。如果说因为父亲过世就选择和母亲同住，我想那不过是重蹈覆辙罢了。我想母亲一定忍耐得了独自居住的寂寞，想到她住在习惯的家里，和街坊四邻也都有交情，于是我就狠下心，选择和母亲分隔两地居住。

家人不睦，孩子还是能安稳成长

“你和你妈越来越像了呢。”

如果被别人这么说，你会有什么感觉呢，是觉得开心还是困扰？至少我是后者。我就是因为不想被说成像父母，才一直努力到现在。

其实大多数人说“你越来越像你父母了”是一种恭维或客套话。

既然是亲人，当然会有某些地方相似，母亲已经去世20多年，虽然我越来越接近母亲离世的岁数，但我以和母亲完全不同的思考模式生活至今，或许也可以说是完全相反吧。

我的少女时期，是女人生存方式有巨大改变的过渡期。我轻松地打破了母亲无论如何也舍弃不了的价值观，因为我想要过以自己为本的生活。要舍弃什么、选择什么，决定权都在我自己，不管什么时候都以自己为出发点做出选择。这样的生活方式，最重要的前提就是要对自己负责。因为是自己选择的，所以不能抱怨或者发牢骚，正因为回归本身，所以我也抱着破釜沉舟的心理准备。

我曾经一度因为过于迷恋某个男人，凡事都遵从他的决定，而从中得到了教训，所以我再也不会重复以前的错误。

第二次世界大战日本战败时我刚上小学三年级，当时，我的价值观全部崩坏，对大人也变得不再信任。父母和老师给我们的训示有了180度的大转变。

战败的事实彻底改变了日本这个国家，不同的价值观一切重新归零，这是一个重要的分水岭。本来应该更多地加强对战争的反省及对错误的追究，但日本的本质却不曾改变。

曾经改变的父亲也随着时代回到原本的价值观，对这一切我感到强烈的双重背叛。

和这样的丈夫一起生活的母亲，我对她的批判也越发严厉。“你的生活方式有问题！”我曾经好几次这样指正过她。

也是从那时候起，我决定要按照自己的方式好好生活。

所以，我选择了和母亲完全不同的道路。我不依靠任何人，在经济上独立自主，只有这点我会坚持到自己咽下最后一口气为止，现在终于走过来了。

大人眼中的好孩子是个乏善可陈的人

我和丈夫生活上的经济是各自独立的。

生病时另当别论，直到生命画上句号前应该都会如此。

因为日本战败这个机会，我才能这样想，我很感谢。如果没有这个机会，我不知道自己是否会变成令人厌恶的女人。也许会茫然追随世间的价值观，对事物毫不怀疑地照单全收，对父母应该也不会批评吧。

我把父母当作反面教材，才造就了现在的我。

到底是选择与父母不同的生活方式，还是戴上乖小孩的假面具生活呢？我相信，孩子在反抗父母亲的价值观中会有所成长。

对大人而言，所谓的好孩子，我觉得或许是个乏善可陈、缺乏活力的孩子。最近听说有许多孩子没有反抗期，或许就是由于这些令人不舒服的因素造成的。

被父母亲的权威或是大人的价值观支配，完全照本宣科似的按照别人的方式生活，我想，这是一个人没有成长的证据。

比起家和万事兴的家庭，反倒是感情不睦的家庭才不虚伪矫情。只要彼此存有真诚相待的心，就算不愿意，亲子间还是有可能对立。

如果问我在两种家庭中选哪一种，我宁愿选择一个分散各地且感情不睦的家庭。

同住一个屋檐下，经年累月地面对面相处下来，就算不情愿也还是会有某些地方越来越相似。

不知大家有没有类似的经历：打电话到亲朋好友家时，误把对方的母亲当作好友本人而开始絮絮叨叨地说个不停。只要在同一个环境待久了，从说话方式到发音习惯都会变得相似。儿子会越发像父亲，女儿则会越发像母亲。

孩子会模仿父母的话语并且记下来，因此孩子与父母相像其实没什么不可思议的。

不只是表达方式。我们仅仅是在父母身边，看着父母的处事模式或行动想法就会在不知不觉中被影响。这样看来，父母对孩子应该负有绝对的责任。

虽然大家都说孩子是看着父亲的背影长大的，但是我想，大家亦是看着母亲的背影长大的。父母的背影是被孩子殷切注视的。

我发现不少朋友为了继续工作，在孩子还年幼时，不得已只好把孩子托付给托儿所或幼儿园来照顾。虽然孩子接触母亲的亲密时间变少了，但是孩子却深刻记住了母亲辛劳坚毅的帅气背影。

孩子是看着父母的背影长大的。

很多孩子从小就在托儿所、幼儿园或学校里与其他人接触，有时就算不喜欢也可以学到令自己开心的事物。

虽然也有霸凌的问题，但是让孩子与同龄人相处、习得人际沟通的方法、与不同价值观的磨合，借此可以成为孩子成长的养分。

有的家庭选择不让孩子上学，因为这些孩子或是出生在教育名家的家庭里，接受着良好的家庭教育；或是只跟随在重视自由的家教老师身边等。在我认识的友人中也有人是在这样的家庭中长大的。

在被大家称作超级精英的家庭，他们一边批判学校教育，一边打算让孩子依照自己的方式成长，其结果到底有没有造就出个性化的孩子呢？我觉得不一定。不曾为与其他孩子或老师的人际关系而苦恼，或许也不曾斗嘴、吵架，最后成为带有某种大人般的思维、特立独行的人是大有人在的。我认为教育不是大人单方面地给予，而是孩子在自己的世界里切磋、琢磨后领悟出来的，不是吗？

家人的期待是压力最可怕的来源

我和一个高中时代的朋友因为忙碌而迟迟腾不出时间来见面，本来想说她好不容易从纽约回来，总算可以跟几个朋友一起聚一聚，但最后却没有如愿。问及原因，她说因为孙子正准备考试。

如果是自己孩子的考试，这个理由还说得过去，不知为何连孙子的考试，我这位奶奶级的朋友也要如此操心。

据她说，她几乎每天穿梭在各个神社里祈祷，在绘马上写下心愿，一听说哪个神社特别灵验就奔去为孙子祈求。还有，为了不让孙子分心，一家人在家里都安静地待在各自的房间。

这位友人认为不仅是父母，而且是全家人一起祈求心想事成是非常重要的，所以在考试结束前都不能见面。这着实让我目瞪口呆。

类似的例子并不少。据说，因为他们全家都是庆应大学的毕业生，所以无论如何也要让孙子进入庆应幼儿园上学。

幼儿园的面试也需要父母参与，我想这对父母应该会感到相当紧张，但为什么连没有丝毫关系的祖母也……我问了她，但却被反问了。

她回答："为什么没关系？这可是我最可爱的孙子要参加幼儿园面试啊。"

即使如此，日本似乎还好，据说韩国的情况更严重。在韩国，若快赶不上考试时间，会由警察专门送考生至考场。一旦金榜题名，家人和街坊以及同学都会一起把考生抛起来庆祝。

所以说，在这样的环境下，孩子会没有压力吗？若说是孩子承担周遭的期待于一身，这样听着好像很好，但原本应该是给予内心平和安稳的家人却反倒成为最大的施压者。我认为与其让孩子搭乘"升学精英列车"走上一帆风顺的人生，不如让他经历挫败反倒使其成熟，还能成为体贴他人、不容易被打倒的人。

挫折会使人强壮，人只要通过不断反复的苦恼与思虑，自然会找到自己的出口。

一帆风顺的人进入社会后，若遇到不顺，最终容易忧郁，甚至会走上自杀的道路。我看过好几个因此走向不幸的例子。

父母都是精英，但孩子的人生结局却很糟糕的大有人在。因为，父母认为孩子和自己的成绩一样好是应该的，因此孩子从小就要上补习班，之后再上家教课，完全没有游戏放松的时间。像个小陀螺般转个不停的“小大人”越来越多。每当看电视节目采访时，我都不禁背脊发凉。

为了成为让父母满意的小大人，他们的思考只停留在限定的范围里，甚至不知要如何展翅高飞。

父母和家人的期待会耗损孩子的志气。

因此，我们不可过度期待。虽说是血脉相连，但毕竟是完全不同的个体。为了让孩子发展其独特的个性，不可用过度的期待将孩子绑架，束缚其未来的可能性。

对丈夫或孩子抱有期待也会让对方受到束缚。若是自己不能照着别人的期望发展，就会强烈地感到失望，甚至充满怨气和负能量。

所以我们不该对自己以外的个体有过度的期待，一旦未实现，紧接着要面对的就是失望或抱怨的情绪。

期待应该是对自己抱有期望。如果期待的对象是自己，那么期望值如何都不要紧，即便不顺利，也只能归咎为自己的责任，让自己再回到原点。然后换一种方法继续挑战，挫折和沮丧都可以转化为下次努力的能量。网球选手锦织圭和花式溜冰选手羽生结弦在失败时，就会把挫折的懊恼转向对自己的期待和目标，然后想方设法地实现，接着迈向下一个更远的目标。

懊恼也能成为明天的力量，失败会成为人生大大的养分。

像我和我丈夫对彼此就不会抱有过度的期待，而是对自己有着莫大的期待，且绝不说出口而是放在心里。

对丈夫或妻子所衍生的不满，其实无非是希望对方做那个或这个，而对方却什么都没做到。

过去的夫妻主要是“男主外，女主内”的分工，而如今夫妻的分工混同，这样就可以满足自己的期待。我想与其期待对方，不如先做好自己的分内之事，不是吗？

若我们按一般世俗的习惯思考——对方不记得结婚纪念日，或生日到了却没有收到礼物——就会产生不满的怨念。

我自己其实也记不清是何时结婚的，甚至不曾数过结婚几年。就算是生日，我也会忘记。如果期待对方向我表示些什么，万一期待落空反而会有所不满。相反，因为不期待，所以收到礼物时就会感到非常欢喜。

没有比期待落空更令人生气的事了。

“请不用太期待，再等一等”的说法虽然非常失礼，但“等”这个行为本身就是一种期待，所以若说请不用太期待，那也就没有等待的必要了。

为子孙留下遗产是对的吗

假设有个家庭成员因故卷入了某个犯罪活动，若他是加害者，不仅他本人，就连家人都会受到整个社会的批判。

人们都是只要一有好消息就会齐声称赞，但如果是负面消息就会连同其家人一起批判。网络上更是一口气扩散开来，被卷入毁谤的旋涡里。

如果与犯罪活动毫无关系的家人被卷进来，可能就很难在社会上立足了。

甚至有的父母说：“我没有脸面对这个社会。”然后就替孩子谢罪自杀了。

难道不是应该多花一点儿时间来追问孩子为何犯罪，才是家人真正应该做的吗？

在现今的日本社会，只要一发生事情，就要家人出来面对大众。

“你们身为父母，对他的教育是不是有问题？”

“这到底是什么家庭呀？！”

如果要求其家人承担责任，那么犯罪者本身是不会有自觉的。

父母会期待孩子，孩子也同样会期待父母，最明显的一点就是遗产继承。孩子会想：“父母过世后，留下的房子、土地和存款由谁继承呢？”

所以父母的财产如果能在生前用完是最好的，以免让孩子存有过分的期待。如果育有几个孩子，这样更容易出现子女为了争财产而丑态百出的情况。

有一些自小感情良好的亲兄弟，为了争夺更多的遗产而彼此憎恨的事情真是不胜枚举。

这真可谓天上掉下来的大灾难。

在过去，孩子有义务赡养年迈的父母，父母为了回报孩子的赡养，所以才会把遗产留给孩子继承。

现代社会最大的负担就是长期看护的问题，在我周围有很多人为此无法好好工作。一旦要看护父母，想做的事就都不能做，最后只能放弃。

在公司或组织的福利中，现今还可以理所当然地休产假或育婴假，法律上男性也可以请假。虽然日本的法律已经有了些许改善，但最麻烦的还是父母的看护问题。

可以请“父母看护假”的公司或组织少之又少，相关部门也因为人手不足而窒碍难行。日本战后婴儿潮出生的人已经迈入高龄，父母看护问题再次落到其家人的肩上。

金钱，让家人关系变得丑陋

原本是柴米油盐酱醋茶的平淡日子，兄弟姐妹间的纷争并没有完全浮上台面，但只要父母一去世，就开始因遗产继承问题而相互斗争，越是亲近的家人，越容易显露出丑陋的一面。

父母生前，虽然是兄友弟恭的手足关系，但是加入私欲的争夺就不只是继承遗产问题，还会把伴侣和小孩也牵扯进来，没完没了。

也许大家都觉得不会发生在自己身上，但没想到这事就在眼前不断上演。

我的父母在生前就已经明确了继承事项的遗嘱，因此我家在遗产继承问题上算是安然度过。

父母过世后，也没有出现争遗产的人。

我有个朋友是独生子，他的父亲过世后，就跑出了一个自称是他哥哥的人。

“我是你哥哥！”

这简直是晴天霹雳。我没再追问遗产继承的后续发展，但我想这惊吓应该是不小的。

如果没有遗嘱，就很容易发生争吵之类的事。

友人的父亲过世后，由他母亲和兄弟共同继承财产，但兄弟间却有了埋怨。虽然他的父亲在世时常说“兄弟和乐”，但是这场遗产争斗却一直闹到了法院。虽然最终遵从法律的判定，但是兄弟间已经心生嫌隙。他母亲过世后，兄弟间就断了往来。这样的例子实在不胜枚举。因此家人之间只要一牵扯上金钱问题，就容易面露狰狞。

就像离婚率虽然年年增加，却不见结婚的人数减少。年轻人把婚姻大事都当作儿戏，一副好像什么都不在乎的样子，刚刚祝福他们百年好合，哪知一转眼就离婚了。

结婚之前参加各种各样的相亲活动，是那般渴望拥有一个属于自己的家庭，但最后却轻易地破局。

“我们因彼此理解而决定离婚”，虽然我常听到这样的场面话，但我想，夫妻二人应该也经过了一番激烈的争吵吧。

即使对方不得已走到离婚这一步，但是希望事情能朝有利的方向发展，那么可以立定代理人，委托处理双方调停。

或许第三方介入事情会比较好处理，但是双方的心里可能会存有芥蒂。因为当整个家族一同介入时，事情可能就无法按照原本所想进行，反而越搞越复杂。

万一变成那样，人们多半不会承认自己的错误，而是论议别人的是非曲直，让事情朝着对自己有利的方向发展。如果有小孩，离婚时可能会发生争取赡养费的事情。难道忘了自己当初是如何满心期待，才好不容易迎来新家人的喜悦吗？期待越大，失望也就越大。

我和先生是会管理自我期待的夫妻，我想这样的选择应该是正确的。

即使是夫妻，也未必真正相互了解

据说对于因过世而离别的人，我们常常会放在心里无法忘记，但是在活着的状况下，对于离婚的对象，我们却很容易就忘记了。

逝者的容貌往往会清晰且深刻地烙印在我们心底，甚至其言谈举止在我们的记忆中也不会改变。

因为我们知道此生再也不会见面，所以会怀念逝者，自然也就不会勾起过往不好的回忆。就算我们曾经被添了天大的麻烦，或者曾经再也不想见到这个人，但一旦失去了再见面的机会，对这个人的感觉就会产生变化。

父母或手足是如此，没有血缘关系的夫妻则因为伴随着爱憎贪痴，关系就会变复杂。

最近收到了佐藤爱子的小说《晚钟》。作者已经超过90岁高龄，但这本小说比起以往的更让我觉得津津有味。我曾经见过作者一面，笑靥如花，我深深地被那璀璨炫目的笑容吸引了。

《晚钟》的腰封上写着："身为我丈夫的你，到底是什么样的人呢？"

从她荣获直木奖的《休战日暮》到现在已经45年了，逝世的丈夫影像不断地在作品中登场，只是每次描写的方式都不同。

作者也在作品的后序中写道：

……在我心里，每回都有不同的根在蔓延。有时是容忍（爱），有时是欺瞒，有时是埋怨，有时是愤怒，有时是兴味盎然，可以说是千变万化。可这是只有我才知道的心情转换。

虽然作者不断在书中描写她的丈夫，但听说她不是很了解她的丈夫。

……这个已不存在且不可解的男人，就算我一直写一直写，不！应该说是越写我越不了解他！就在我即将弹尽粮绝的思绪中，渐渐地，我的思绪达到了"我不了解也没关系"或"我不可能了解他"的地步。我经常把"我了解了"挂在嘴边，但事实上，根本不可能达到真正的了解。我想这是完全不可能的，结果只能是“默默地接受”，不是吗？我应该在他还在世时就意识到这一点……

就算你以为好像了解，可能也不是真正的了解，只不过是投入了自己的想法，然后以对自己有利的方式解释罢了。

佐藤爱子的作品不时会投入自己的思想来描写她的丈夫，但这次的《晚钟》不一样，为什么呢？因为作者和丈夫分开生活，只是有时心血来潮出现一下罢了。

有时来要钱，有时来拜托一些事情，有时就像往常一样非常自然地一起坐在暖桌旁，抬头看着庭院的梅花树，与母子俩交谈片刻就离去。

有一天，她收到了曾是她丈夫的那个人的死讯。

那时，作者是这么想的：

我的丈夫到底是个什么样的人呢？结为夫妻15年，在这之前是相识6年的文学创作伙伴，就算离婚后，不管喜欢与否，有几年也保持着不得不联系的关系。我与他相识的30年，“我不了解他。岂止如此，就在我越来越不了解他的情况下，他居然死了”。

佐藤爱子说若是在他生前，能转念欣赏他每次出现时的不同面貌就好了，但实际上他已经离世的现实，使作者重新书写这个不可解的人物，似乎是想借此加深对他的理解。

曾经是文学创作的伙伴，彼此吐露心事。之后更进一步地在现实生活中结为连理，也生了孩子，在其中经过了许多辛劳与奔波，经历了分分合合，最终却变成没有关系的两个人。原本是不同世界的人，却因为死亡而再度靠近。

她想：“我了解那个人吗？”

就算曾经是家人的关系，我们也不曾真正地了解对方。在用死亡这种形式真正画下人生的休止符之前，我们才初次悟到这点，心想“早知道再跟他多聊一点儿、多听他说一点儿就好了”，而现在只徒留遗憾。

如果她在丈夫生前就这么做，不知会不会更了解他呢？

我们对自己都无法正确了解，真的可以了解自己之外的人吗？配偶其实也是外人，就算是最近的家人也是外人。

把一起生活的家人当成外人的话，我想这样或许会感觉轻松一点儿。

我和先生刚开始一起生活时，我都尽量把他当作某种意义的“外人”来看待。既然是外人，我们就会遵守一定的界限，不轻易地进入对方的领域。

因为我自己想保持不被轻易跨越的私人领域，所以我想对方也是一样的。有人说“夫妻是一体的”，这对我而言是难以理解的。就算一起生活，彼此的内心世界还是不想被侵犯的。

我可以想象对方的心情，但我并不想去确认。佐藤爱子使用了“容忍”这个词。

于我而言，我们过去是互相擦肩而过、不容易见面的夫妻，自然说话的时间不多；现今在一起的时间虽然多了，但也不是对话的时间变多了，再怎么聊都是说些不着边际的话罢了。

分辨一对男女是夫妻还是男女朋友的诀窍，就是看他们有没有对话——拼命交谈的很有可能是热恋中的男女朋友，如果两人没有什么好说的多半是夫妻。

男女朋友之间因为想更多地了解对方，所以要显得话题投机；如果成为夫妻，因为自以为已经了解对方，所以话不投机半句多。

于是，当另一方不在时，才初次体会到自己好像还没真正地了解对方，当觉得自己应该多理解对方时，就会出现手足无措的慌张感。这时已经来不及了，对方已不在人世了。到最后依然彼此擦肩而过，没能互相理解。

像温水般不温不火地存在于我们身边的家人，若他们只是一杯温水，我们就会感到世俗所谓的幸福吗？

若是抱着想更了解彼此的想法，而不小心知道了不该知道的事，反而会暴露伤痛，因而变得不幸福。这么想来，是不是不去理解家人，反而会过得比较幸福呢？

我在电视台工作时，有一个交情甚好的男性友人，不管我说什么，他都会侧耳倾听，无微不至地照顾我。我非常感谢他在我身旁，但他不是一个让我意乱情迷的对象。

大约过了10年的时间，我听闻他的死讯时，突然觉得我好像不了解他的心意。在他过世的前一年，他一直说想见我，但我因为工作忙碌而一拖再拖，最终他离开了人世。

或许是因为我有话想对他说，所以在他过世后，这件事一直在我心里不曾退去。

此外，我从一位女明星那里听到，在一个友人的聚会上，她被一个男性叫住：

“喂，最近好吗？”

据说，她当时怎么也想不起来，只觉得应该是非常熟识的朋友，可是他到底是谁呢？

回到家后她突然想起来——原来是好几年前跟我结过婚的人！

“喂”，真不希望对方这么叫自己，因为在心的角落里已经没有他的影子了。

我觉得，我能体会。虽说是两个人一起生活，但这一点不能证明什么，因为内心毫无动摇。

如果在聚会上见到的不是还活着的他，而是听到他的死讯，我想她应该会马上想起来吧。

02

家人这种病

孩子不是父母的财产，

另一半更不是你的所有物。

学会与自己独处，

才能维持健全的家人关系。

只会讲家庭私事的人很无趣

只会讲家庭私事的人很无聊。这种人的话题总是无法再向外延伸，刚刚把话题避开了家庭，结果绕了一圈又回到原点。

与这种人谈话，某个时期会以丈夫为话题中心，过后就会开口闭口讲孩子。

孩子一进入升学率高的学校，父母就是一副趾高气扬的样子，会不厌其烦地问别人进了哪所中学，是哪个名校的附属高中。一直问个不停让人心生厌烦，对于考试失利的人而言，简直就是不堪其扰。

家庭私事请不要自己先说出来。

如果你被问到，在必要的范围内回答就好，超过这范围的就不用讲了。如果你不这样做，就会一直被追问，很容易被捕风捉影、以讹传讹，这时只要巧妙地切入另一个话题就可以了。

或许有人会觉得彼此交换隐私是种感情友好的证明，但我认为完全没必要以交换隐私来维系关系。

我有位大学时代的友人，她是75岁时获得芥川奖的作家黑田夏子。自我和她认识以来，一直都是意气相投的朋友，但是我们并没有想过要窥探对方的家庭隐私作为友情的见证。

海龙社把我们俩的对话汇总成《不结党、不献媚，我们是这样生活的》，为此我们聊了很多，我也才初次知道了许多事。

我们两人交谈的事仅限于书，或彼此正在思考的事情。

另一位是我们从大学时代就一直斗嘴，却也维持朋友关系的H小姐，她是个很值得信赖的人。每每遇到困难，我首先想找的倾诉对象就是她。我原本对政治毫不关心，但我受到一直投身学生运动的她很大的影响。

我们并非时时见面，而是一想到对方就会打电话约见面的交情。但我想这样就够了，因为我的心中一直有她的位置。

只会说自己家庭私事的人，就是那些对其他领域不怎么感兴趣的人。只要把目光投向社会或环境方面，自然就有源源不绝的话题。虽然我们可以从电视上获得许多资讯，但我喜欢认真地读报纸。若要说电视和报纸有什么不同，大概在于电视大多是情报的整理和罗列；而读报纸则需要大脑来处理资讯，可以刺激大脑，培养自我思考的能力。我如果不读报纸，就会没精神。

有的人对于自己的原生家庭也喜欢拉拉杂杂讲一堆。

我还在从事新闻播报工作时，身边有位不管提到什么都喜欢讲自己原生家庭的女同事。

“这个呀，是从我奶奶那代一直传到现在的东西哦。”

我想她说的应该是种镶着钻石或宝石的传家宝，但是我对这种东西一向没兴趣，所以我只能以“这样呀”淡淡地回应她。

听说，一旦别人对这些话题有反应或表示出一点兴趣，她就会邀请对方中午一起吃午餐，让对方陷入进退两难的窘境。她还会细细地把那个传家宝的来历与她的家事娓娓道来，最后别人只能被迫听一些根本不想听的事情。

后来，只要她走过来，大家就会假装工作，或者一哄而散，快速逃离现场。但重点是这位女同事完全没有感觉到大家的不自在，每到午餐时间就会过来问：“大家要不要一起吃饭？”

真是令人头痛的女同事。

聊私事就是想自夸或抱怨

听说这种借着聊私事想自夸或抱怨的多是女性，但我觉得不然。男性中也有不少只喜欢讲自己的家庭或家世的这种令人感到不愉快的人。

这种人大多出生在被称作精英的家庭，或是象牙塔中的学者也比较多见。

我在电视台工作时，常常担任各种节目的采访工作。录影结束后，大家常常一起去吃饭。虽然我觉得很麻烦，但节目嘉宾也参加，或是节目的搭档也去时，我实在不好推辞。

心不甘情不愿地吃完饭后，因为有人从国外回来带礼物给大家，我就会陷入要不要收下的窘境。因为我做人有棱有角，做事也不是很圆滑，心想如果不是很昂贵的东西就接受了。

在一次节目结束当天，我又被约去聚餐，本来想“总算可以放松一下了”，没想到在席间我被问到许多和我家有关的事。

对方的父亲和祖父都是有名的学者，这些事情基本上我是知道的，但对方却详细地说明、娓娓道来。我和对方因为工作的关系认识，根本对他没兴趣，或许可以说，对方其实是我讨厌的一种类型。他是个对名誉或权力的欲望非常强烈的人，而我最不擅长与这种人相处。

对方似乎知道我父亲的情况，于是就问了我关于母亲的事。我只淡淡地回答说：“是上越地方大雪纷飞的乡下老家。”

没想到对方马上说：“啊！那边呀，住那边的应该都是土豪大地主吧。”

这话说得多么无礼呀！“土豪”这话，不是把人当呆子吗？而且还可以窥见他想夸耀自己家世的虚荣心。

我不由地看着那个人的脸。他脸上什么表情也没有，语调也像往常一样没有太大起伏……单单是待在那个地方，就让人觉得浑身不舒服。

我母亲的老家确实是上越地方山域中的地主，但如果那人不说出“土豪”“地主”这样的话，那么他会说什么呢？只想夸耀他的家世或家庭，满脑子只相信以金钱衡量的价值，这种人真是差劲！

那天我要回去时，他说：“下次见面时，请把手指戒指的尺寸量好给我。”

他还真以为自己是何方神圣！他好像完全不在乎我的想法和心情，而自顾自地耍嘴皮子，真令人无言以对。

之后，他又打了好几次电话过来想见个面，但是我从心底不想再见他。因为我一想到他就满腔怒火，所以那次的见面也是最后一次。

他是东大毕业的年轻学者，之后也一起共过事。东大毕业的精英有不少都是这种类型的。他们的父母到底是如何教育他们的？我想或许是动不动就把家世或家庭挂在嘴边炫耀，于是孩子也自然而然地对自己的出身拥有莫名的骄傲感。

我们把这一生遇到的许多事物当作话题来讨论，但其实我们有三分之一的话题都用来讲闲话，另外三分之一讲男女之事，剩下的三分之一才拿来讲必要的话题。也就是说，有三分之二都是拿来讲些不着边际和没有意义的话。

若要讲家里的私事会从什么说起？我想应该是从一些传闻或闲话说起吧。想到人生有三分之一的话题都在嚼舌根，我就感到很无语。

若要讲家里私事，那无非是千篇一律的吹捧、怨天尤人，或是牢骚满腹，都是毫无建设性的无聊事。有时大家你一言我一语地轮番讲过后，就开始互舔内心的伤口，有时只是听一方絮絮叨叨。总而言之，这种情景着实令人不太愉快。

如果说这是一种“病症”，那么到底是什么地方让人困扰？我想应该是一旦养成这种“病”，就只会每况愈下吧。

那要怎么“预防”呢？我想只有不把私事当作话题去讲才有可能“预防”。虽然大家对别人家的私事多少都会感兴趣，但还是希望不要对别人讲太多隐私。如果想讲，就吸口气忍耐一下，把到嘴边的话咽下去；或者不要被别人的问话方式所影响，趁机转换一下话题。我个人就养成了不提自己家庭私事的习惯。

其实，人一旦上了年纪，话题就会变得局限，可能也是因为兴趣范围越来越小的关系。一开始都是关于身体状况的话题，接下来就会谈到家庭，几乎都是这几个话题轮番登场。

如果不想让讲家庭私事的“病症”加重，还是赶快切换到下一个话题吧。但是如果一直讲生病的事，也会让人感到心情沉重……

和他人比较家庭私事是万恶根源

爱提家庭私事，大概是一个人一头热地关注家庭问题，而且对其他的事不感兴趣的状态，是一种家庭至上，只要自己好就什么都好的自私心理。

在发生事情的当下，先关注这事和自己有没有关系。不管发生什么事都先确认自己的家人有没有牵入其中，如果没有就放心了，然后表现出事不关己的态度。

这些例子在日本到处都能看得到。

例如，当发生空难或船难时，我们会关心“这次的罹难者中没有日本人”。

如果罹难者中有日本人，新闻的处理规模就扩大，不管是电视媒体还是报纸平面都是如此。若是罹难者中没有日本人的话，随着日子一天天过去，报道的规模会越来越小。最后事故的结果如何，可能连报道版面都找不到了。

罹难者中如果没有日本人或自己认识的人，不仅媒体，所有人都会松一口气——“这跟我们没什么关系……”就像木枯纹次郎[①]有名的台词一般，事故的原因也渐渐地在大众的记忆中随风而逝。

日本人时常陷入一种利己主义，容易露出他国的事和我无关的岛国性格。欧洲因为陆陆相连，所以一旦发生什么事，不会觉得这是别人的事，而时常发散思维，想象万一发生在自己身上要怎么处理。但是在这方面，日本人就显得钝感。若我们不把他国的事当作自己国家的事情一般去处理，在国际化的时代中就无法顺利发展。

如同新闻媒体在报道有没有自己国家的人罹难时，令人在意的应该是罹难者少则报道规模就小，罹难者多则报道规模就大。

我想不管罹难人数多或是少，生命的价值也不会因此而改变。

在乎是不是日本人这点，我想应该与在乎是否为同乡人的关注态度不同。是否有自己的家庭成员牵涉其中，其悲伤程度或所受到的冲击会大大的不同。绝大多数日本人的宗教观念不强，所以要把他人看成自己的家人般相亲相爱，事实上很难做到。

①日本作家笹泽佐保创造出来的角色，是一位行侠仗义、四处漂泊的旅人。

每个家庭都关在各自的保护壳里，就像患了一种只愿守护属于自己小小幸福的病症。

虽然有句话说："他人的不幸甜如蜜。"把别人的家庭和自己的家庭相比来衡量幸福感。

和他人比较是万恶的根源。

因为没有属于自己的基准，所以只能环顾四周，把友人或其他认识的人一把抓来比较。

日本人家中都有三个"神器"的说法。第一个是在孩子还小时买的，但现在没人用的钢琴，因为只是摆着没有调音，所以声音已经不准了；第二个是一整套的百科全书，买来就一直放着，到现在还是新的没打开过，毕竟它不像家具那样实用，总之就是很麻烦；第三个是不知道是谁拿回家的高尔夫球杆。

这三种"神器"，无论哪一个都非常占空间。如果不用就可以丢了，但却一直放着，理由是别人家里也有。最近虽然多少有一点儿改变，但是杂志上介绍现在流行的室内摆设时，据说相同的东西马上会销售一空。

在考虑自家的独特性之前，大家似乎都是从模仿别人家开始的。

虽然家庭利己主义在大脑里根深蒂固，但是大家又对自己的生活没有自信，一边在意别人的家庭如何，一边夸耀自己的家庭处于上风。一旦觉得别人家比较好，心中所有的不平和不满，就会如同火山一般爆发出来。

正因为每个家庭都不一样，所以才丰富有趣。因为承认彼此的不同，这样对各自家庭的尊重也会大大提升。

只要自己好便不管他人死活的家庭利己主义，只要自己住的地区好便不管他人瓦上霜的地区利己主义，只要自己国家好便不管他国的国家利己主义，这些都是纷争的源头。

那么，家庭利己主义是怎么产生的呢？家庭在个人面前又是扮演什么样的角色呢？

称呼丈夫为“一家之主”的畸形文化

父亲、母亲、孩子各司其职，只有扮演好家庭所赋予的角色，家庭才会圆满和乐。

以前有“父座”“母座”的说法，在围坐的火炉旁定好了全家人的座位，餐桌旁也有父母和孩子的固定座位。因为角色固定化，所以“家族”的概念才会随之出现，若是超出这个范畴，就被认为是一个不健全的家庭。战后的日本把个人当作比家庭更优先的概念，所以家庭间的关系才会一点一滴地改变至今。

现在就算不是“夫妻+孩子”的家庭形式，而是只有夫妻两人，或是父与子、母与子的家庭也日趋增加。夫妻和孩子都有的家庭并不是理想形态。不管怎样的成员组合都是有可能的。我想应当重视每个人的个性，而非努力把自己融入所扮演的角色或特定形式中，尊重自由的家庭组成是很重要的。

现在我的家人只有一个——我先生，但是对外讲到他，我一定会用“同居者”这个词。“同居者”是一个很好的词，没有谁是主、谁是从的意思，并且充分体现出两人一起相伴到老过日子的状态，所以我很喜欢这个词。

我的友人中有一位叫中山千夏的俳句作家，她刚结婚时，就一直称呼对方“同居者”。

当我听到后，就觉得这是一个很合适的词，从那以后不管是写文章或是讲话，我都用“同居者”一词。

虽然我也被纠正过。曾经某个女性杂志来采访我。

那时，我就用了“同居者”这样的词，之后却被改成“一家之主”。我刻意用“同居者”是因为不管是家庭形态还是生活方式，最适合的就是这个词。特意把这词换成“一家之主”的编辑，大概觉得是我说错了。

在她心里，“一家之主”才是正确的。因为，“主”就如同字面般，是一家之主的意思。也许有些人有这种价值观，但也有人只是随波逐流罢了。

虽然如此，依照家庭的习惯不同，称呼或思考的方式也会不同。但是，绝对不可以把自己的价值观强加在别人身上。我在确认采访稿时把“一家之主”改回了“同居者”，当时对方还一副不置可否的表情。

最近“伴侣”这个称呼越来越多，这个词在日语中就是“同居者”的意思。“伴侣”这个词用在非婚姻关系的对象也可以，只要是互为彼此最信赖的人就可以了。

不被户籍这种框架拘束，“伴侣”的说法更自由不羁。

我当初结婚时本来也不想入籍，但是，实际上两个人要一起生活的话，在日本有很多规定，虽然我认为夫妻不同姓是理所当然的，但是每次却因彼此姓氏不同而带来许多不方便。等了许久，终于等到最高法院的许可裁决下来。

因此，我觉得“伴侣”就足以表达了。

“为了孩子而不离婚”是正确的吗

谷崎润一郎[1]和松子夫人间未公开的信重见天日了。据说，那是在写小说《细雪》前后写的信。《细雪》发表于战乱之时，讲述的是在关西地区富裕家庭中成长的四姐妹的故事，因为内容描述太过绚烂华丽而被禁止发行。

以自费出版来鼓励谷崎润一郎的，正是他新婚不久的妻子松子夫人。原来小说《细雪》是以松子夫人娘家四姐妹为写作原型。据说是谷崎润一郎到关西演讲时遇见了松子夫人，对她一见钟情，他当时的心情在之后的许多书信中都可窥见一斑。

当时，谷崎润一郎已经有妻子了，而松子夫人也是关西商人的妻子，两人在朝着结婚这个目标迈进的路上，不知经

①日本著名的小说家，曾获得诺贝尔文学奖的提名。

历了多少辛酸事。在这之后，谷崎润一郎的前妻又成为佐藤春夫[①]的妻子，这成为当时的一大丑闻，喧嚣一时。

松子夫人也是直到她离婚为止，走过了漫长苦楚的一段路。

我想两人应该是一边通信一边互道心意的。结婚后，松子夫人成为谷崎润一郎的得力助手，两人一起创作出了许多优秀作品。

对于两人的婚姻，我想世人是用严厉的眼光来看待的。因为那是个动荡不安之中，需要全家上下一心面对的时代。

已婚者想跟其他人交往，即便是鼎鼎大名的文豪谷崎润一郎也不会被认同。

在那样严峻的时代中，想要贯彻自己的想法、追求心中所爱着实不易，我被他们坚强的意志及毫不畏惧的精神深深感动。

我想那是个为了守护家庭，凡事都睁一只眼闭一只眼，以此成为美德的时代。坚毅或忍耐是被要求的品德，为了家庭而牺牲自我是被奖励而非被批评的对象。

为了家庭圆满而自我牺牲，被视为一件美好的事，即使到了现在也会被称赞“好厉害”或是“我们想学也学不来呢”。

①日本的小说家、诗人。

为了勇敢去爱，两人要有奔放的情感，否则无法成功，我认为这需要一种坚定的信念。因为这不只对自己的家庭，也会为父母或兄弟姐妹带来前所未有的麻烦，因此而打退堂鼓的例子也不少。尤其对女性来说，影响更是巨大。

但是对这些无所畏惧，坚持贯彻自我意志的女性就存在于这个时代里。

柳原白莲[①]离开身为九州采矿大王的丈夫，与年轻学生恋爱而私奔。

对于白莲的为爱而行，我想为她喝彩，我对她的坚强佩服不已。为此觉醒的女性以青鞜社[②]为主，在各个领域中高声支援。

我想，虽然也有时代后援的背景，但比起现在为爱赌上的勇气，为了生存而倾注的力气更为强劲有力，这是为什么呢?

我想应该越是禁忌的关系，爱火就越猛烈，犹如被拘禁于笼中的鸟儿渴望在蓝天中自由翱翔一般。

那个时代因为有通奸罪，所以私奔或殉情时有所闻，完全不难想象。

一想到这里，现代人可能就已经失去了勇气。因为在意

①和歌诗人，“大正三美人”之一。
②以平冢雷鸟为首的女流文学家所创的组织，致力于女性主义的启蒙。

别人的眼光而尽可能扮演相敬如宾的夫妻，私底下却过着同床异梦的生活。

也许有的人用忍耐来麻木自己。

“在小孩长大成人前、完成学业前，我坚决不离婚。”对于有这样想法的夫妻，孩子会怎么看呢?

我想，勉强自己绝对不是为了孩子好，而更应该诚实面对自己内心的声音。

在日本，有很多夫妻为了孩子选择不离婚，但是在我看来，父母不睦，彼此忍耐在一起生活的话，孩子或许是会感觉到的。

没有比婚姻压力更大的事

我的友人中，有一位女性说："我要忍到先生退休为止。"

因为婆媳关系而争吵时，因为亲子关系而争论时，都想回到自己一个人的时候，让人生重来一次，但是因为迟迟无法下定决心，而决定忍到先生退休为止。她先生因为在公司被赏识而担任重要的职位，在大公司里不管过了多久都没有办法退休。她看着他从早忙到晚，所以也无法在这种时候跟他分开。

孩子长大、成家立业后，家里就只剩下两个人。虽然两人依旧同床异梦，但是一想到自己至今的忍耐到底算什么，就迟迟无法与他分开，况且还有经济方面的考量。

她是个非常干练的人，家务和工作都做得很好，从丈夫那里拿到的零用钱全部存下来，当作自己终有一天展翅高飞的基金。

她一直觉得自己离巢翱翔的日子越来越近，但先生却决定留在公司继续上班。

最后她为了照顾先生，只好把自己的计划延后。

我想她大概再也无法实现这个计划了吧。如果真的是这样也好，靠着丈夫丰厚的收入，她可以把钱花在自己的兴趣上——她只能对自己的选择负责任。

她把工作和家务做得条理分明，以不输给任何人的拼劲努力过生活。我相信那是她从自己生活方式中所做出的选择。

她绝对不是受人摆布的性格，似乎并不觉得自己在忍耐，也没有累积什么压力。

我还有一个处事八面玲珑且拥有日本女性柔美风情的友人。她在丈夫过世后，独自抚养两个孩子，之后和我认识的一个男性友人再婚。

这位男性友人有些任性，而我的女性友人似乎在隐忍过活，最后竟得了乳腺癌。罹癌的原因可能是来自她丈夫的压力，本来健健康康的人，身体一点一滴地恶化了。

即使如此，她丈夫还是把所有家务事丢给她去做，还满脑子想着把财产留给前妻的孩子，一点儿都没有顾虑到一直在身边支持他的现任妻子。

直到她的母亲出面，她才回娘家休养。

即使如此，她仍认为这是自己做的人生选择，所以不打算跟先生分开。

也许夫妻之间的事情外人无法干涉。我只能想成她是在利用自我牺牲来成全婚姻生活，但我觉得她应该更珍惜自己才是。

她的美是日本传统女性世代传承下来的，是由内而外自然地散发出来的，为他人奉献，而压抑自己的想法。

我曾得到她许多的帮助，所以心里一直期盼她若能稍稍好转也好。

我把这事跟其他共同的友人说，一位女性友人说：“没有比婚姻压力更大的事了。”

说这话的女性友人有过一段大约10年的婚姻，离婚后开始专心投入陶器的制作。

她用熟练的技艺捏陶，现在她富有独特创意的陶器受到了广泛欢迎。

她把用陶土制成的朴实无华的陶器放在自家的展示室里展览，有很多粉丝来她家里观赏。她与百岁的母亲一起生活，母亲也为了独生女努力着，就算因身体不适而住院也尽快恢复健康回家。

她说：“累积压力是最不好的。因为与家人争执而引起的压力每天都会有，所以无须忍耐，只要在自己的路上前进就好了。”

我赞成她的说法。

女性一定要生孩子吗

日本政府的施政重点是鼓励女性就业，促进女性人才灵活运用到社会，在这方面日本确实比较晚；在发达国家中，更是相对落后。

我大学毕业后就一直工作到现在，刚进NHK（日本放送协会）工作时并没有男女雇佣机会均等法①，育婴假制度也没有像现在这么完备。

在职场上男性性骚扰的话语已经司空见惯，他们对神态有些疲惫的女性说："昨天晚上是不是玩太晚了啊？"对已婚女性就会说："还不辞职啊？你先生没说什么吗？"对于怀孕的女性更会说："挺着大肚子，还来上班呀！"职场女性要忍耐这些话才能在职场上生存。我因为个性比较粗枝大

①日本于1985年制定的法律，目的在于确保男女雇佣机会及待遇均等。

叶，左耳进右耳出，不把这些话放在心里才撑到现在，但有些女性却因为难以忍受而辞职了。

不知因此而流失了多少女性人才，我觉得非常可惜。

现今这种事虽然减少了，但是少子化[①]的问题越来越严重，日本相关部门开始想方设法提高生育率，但我常觉得有些政策很任性。我觉得这不是为了国民的幸福着想，而是政府为了国家利益而强行实施的政策。

战乱时有句口号叫“增产报国”，借由大量新生儿来增加人口。而女性也参与战后的后备动员，被赋予在国内机械或武器制造的工作。人口因为相关政策的带动而增加，也因为利益而减少。

日本人口在1947年至1949年的“团块世代”迅速增加，而今又开始急剧减少。我们可以预想到“团块世代”出生的人渐渐成为高龄人，而年轻人逐年递减。这些征兆已经出现在一些地方，年轻人在还没找到工作的情况下，都聚集到大城市来。

日本政府希望女性多生育，却把打造出“好生养、好托育环境”的政策一直放到最后。托儿所和幼儿园的数量不足已经是一种常态，小孩无法托育。政府向人们宣传说就算有

①即“婴儿出生减少，无法保持现有的人口数量”之意，是指生育率下降，造成幼年人口逐渐减少的现象。

了孩子，也能在工作上独当一面，有朝一日也能升迁，但这种宣传无疑是画饼充饥。

即使在法律上男性育儿环境都完备了，但实际上日本男性并不会请育婴假回家照顾小孩，因为长年的社会习性让他们拒绝请育婴假。

女性一旦有了孩子，就会被迫在工作和带孩子之间做出选择。如果想让工作和带孩子并行，就必须做出与现在不一样的选择。如果是我，我会毫不犹豫地选择工作。有了自己想做的工作，把工作作为表达自我成就的一种方式，以及选择一辈子工作的同事和友人，这种情况在我身边也不少见。

如果大环境对育儿是良性且周全的，也许我们的想法会有所不同。工作能力越强的女性越不会被迫选择生孩子。

在北欧，政府的工作人员有半数以上都是女性，而且她们都是结了婚的。我在芬兰结识的赫尔辛基市市长就是女性，而且她的丈夫更是在育儿和家事方面都亲力亲为。

以欧美国家的国会议员为例，工作中的主要角色是由女性来担任的，这在日本是极少见的。放眼全世界，首相或总统是女性的不胜枚举，邻国韩国的前任总统就是女性。我虽然不期待将来日本也会诞生女首相，但迄今为止，在国会议员中曾任众议院议长的土井多贺子是最直接的例子。或许她所处的时代太早了，身边的男性并不能帮她处理周边事务，而且那是个被男性偏见所摆弄的时代。前阵子在土井议员的追思会上，我深深觉得可惜。

若是政府提倡录用女性，并且希望女性多生孩子，那么打造一个良性的育儿社会环境是当务之急。

在瑞典，大量女性开始投身职场时生育率也同时降低了，但现在已经恢复正常。这是因为瑞典的社会制度与社会环境能让女性安心生产并且顺利回归职场，充分发挥女性的力量来造福社会。

整顿社会整体的育儿环境在日本亦是必要的条件。

对不孕的女性说“给我生孩子”实在太残酷

在日本的家庭中，一直是把与家有关的事全部交给女性。如家务、育儿、看护等，尤其看护问题更是一大重担，为此很多人辞了工作。看护的工作有八成都落在了女性肩上，有时男性也不得不把自己的父母委托给妻子来照顾。

看护的重担压在女性的肩上，就连活跃于社会上的女强人也难以承担这些重任。

2015年，日本的长照①预算中对看护设施的补助大幅度削减。虽说从事看护工作的人薪水增加了，但是据说国家的未来方针希望把重心放在居家看护上。

居家看护方面，虽说看护师会来家里帮忙，但在没有看护师的情况下，看护的工作还是落在家人身上，第一个被想

①指长期照护，在人口老龄化的社会中，对老人进行长期照护。

到的人就是妻子。

可是当职场女性到了四五十岁时，大多都是主管职位，假设最后必须辞掉工作回家看护长辈，女性还有可能全力投身职场吗？难道只有家庭经济不错可以聘请护工的女性，才可能留在职场上吗？这是不公平的。

我一分钟都不敢松懈地工作至今，因为个人的选择，我不仅没有生孩子也没有收养过。因为煮饭是先生的兴趣，所以几乎都是他在下厨。保洁阿姨也会一星期来一次，帮忙打扫和洗衣。

而我的父母在我忙于工作时，皆相继病逝了，也就不存在看护的问题了。

虽然我不懂也没有经历过看护的辛劳，但是每次一听到友人所描述的情景，我就由衷地佩服他们。

国家在批评女性的生活方式之前，其实更应该把社会环境整顿好，只有这样才能让女性好好思考自己的生活方式。现今的女性都非常聪明理性，比起男性更认真周全地思考自己的未来。

我认为应该让女性自己来选择。

尽管曾经有人说女性只是生产机器，但是女性也拥有选择自由生活方式的权利。

虽然生育率下降是眼前的难题，但是我们必须好好监督“女性就应该生孩子”这种性质恶劣的思考方式是否再度出现。

有的人想生孩子却生不出来，虽然也有人依靠最新的医疗技术而顺利得子，但是对于前者而言，要求人们“多生孩子”这种生育政策不是太过残酷了吗？

过去有不少“结婚三年，没有孩子就分开”这种被迫离婚的例子，而且还被要求生出能继承家业的男孩才行。

但我想并不一定非得是继承自己DNA的孩子，就算不是血脉相连，仍是自己的孩子。

在欧美，许多人就算有亲生子女也还是会领养小孩，并将这些孩子视如己出。

为何很多人执着于血统呢？我想这是想把有自己血脉的孩子留存在这世上的本能欲望吧，是一种来自祖先世代传承下来的思维，与“脉脉相传的血缘就是家族”的观念相互结合。

我想就算不是血脉相连，但只要心灵相犀不就足矣？讽刺地说，是不是心灵不相通，就只能依赖血脉关系？

我听说泰国有些男性仍执着于亲生孩子的例子，为何如此想要个拥有自己DNA的孩子呢？真没想到会有这等神奇妙闻。

要不要生小孩，应该由夫妻的意志来决定，所以才会责任重大。

离家的人也会过得不错

幸福的家庭到底是什么样的呢？亲子和乐、兄友弟恭，大家不吵不闹、家和万事兴，彼此理解、互相帮助，有够用的钱、身体健康就够令人称羡的了……

因为家人就在身边，所以是我们非常挂念的存在，即便彼此会争论，价值观不同，性格也不同。家人之间冲突增加，万一发生争执也难以解决，于是互信互让就变得非常重要。

就如同要走过危险的独木桥，大部分的家庭会竭尽全力保持平衡，像跷跷板的原理般，想方设法保持平衡状态。

就算家庭不幸福，只要按照心中所想，实实在在地活出自己的人也会比较幸福。

在我丈夫教过的大学生中，有一位女生当了新闻记者。她在横滨的寿町等日雇粗工聚集的大街上进行采访时，和一位住在那里的老爷爷认识并相知。现在去当地造访，老爷爷也会热情相迎，当这位女记者被抑郁症所苦时，他会在一旁支持和鼓励她。

那里住的都是舍弃家庭或离家出走的人，他们虽然过着社会最底层的生活，但是他们每天读着报纸、看着书，听说还有人埋头写作。不知何时，听说有位时常投稿《朝日新闻》的和歌诗人，就住在粗工大街，他的作品还被描述为非虚构创作呢。我也喜欢他的和歌，但我却找不到他本人。大概是因为他不想被找到，才隐身于粗工大街吧。

有的人选择悄然无声地度过自己的人生。我们不知道他们的过去，也不知道他们曾经遭遇何种痛苦或悲伤。这些人并非有家人才能宽慰，反而有可能是与家人有嫌隙，所以最后决定舍弃家人，或是被家人舍弃才获得片刻安宁。

离家后也许家人曾寻找过，未果，最后就放弃了吧。人出生时是一个人，最终死去时也是一个人。

一个人时是最满足的时光，就连有了丈夫的我，也觉得在一个人时最放松，独处的时间最宝贵。

不知道明天会如何而独自生活的人，要怎样才能保持内心的平衡呢？换句话说，要怎样才能没有压力地生活呢？

我想，这应该与隅田川河畔或上野公园里，那些用简易纸箱搭起遮阳避雨处并栖身其中的流浪汉有相同的境遇吧。就算暂时因警方取缔而离开，过不久还会再回来。因为尝试过这么一次，知道就是到了天涯海角也不会再有这样的自由了吧。

我所居住的都心[①]大楼旁，有一个小公园，长椅上坐着的街友爷爷，在樱花绽放的季节里，在花瓣雨纷飞的树下喝着像酒一般的饮料。

虽然我和那位街友爷爷素昧平生，但是我们曾一起品“酒”论天下。他不提自己或家人的事，我也绝不过问，光是聊政治、谈社会就很令人开心了。

听说公园的野猫和街友爷爷已经非常熟悉，晚上都会一起睡觉。

之后流浪汉爷爷突然消失了，长椅也被撤走，变成了石头做的小椅子。大概是大楼居民向公园举发了吧，我不知道他去了哪里，但每每看着冬天的天空，我就不禁想到他。

日本的相关部门对独居者都很冷淡，只要有家庭就能让他们感到安心，不管那是怎样的家庭。

我听过因为父母虐待而导致孩子死亡的事。相关的部门就算掌握了父母虐待儿童的证据，也因为他们是亲生父母、身边还有其他家人，所以只是稍微注意一下他们就不再干

①意指都市或都会区的中心部分，与CBD意思相近。

涉，导致很多事情发生，但为时已晚。

从诸多憾事上来看，“只要有家人就放心了”，我们是不是太过相信这样的神话了呢？

在找工作、结婚对象方面，不也是因为“你的家庭幸福美满”这样的理由而决定的吗？

孤独死并非不幸

我记得在之前一个纪录片中，有一个儿子在粗工大街寻找很久以前离家出走的父亲的故事。

儿子在父亲离家出走后吃了很多苦，为此有很长一段时间他都非常憎恨父亲。但是当自己长大成人、有了工作后就开始想，父亲为何会离家出走，他很想知道父亲现在在哪儿，于是就开始寻找父亲的下落。最后，他得知父亲在大阪釜崎生活。

他下定决心要去见父亲，因为他出生后就和父亲分开，所以对父亲的形貌没有任何记忆。虽然最初他们都有点儿别扭说不出话，但是随着见面的次数增加，渐渐地开始交谈。毕竟血浓于水，父子间的亲近感也慢慢产生。

儿子在名古屋附近找到工作，新年或是其他节日也会和父亲一起吃饭。

最近儿子找了一间比较宽敞的房子，想把父亲接过来一起生活，这是一个家庭的重新开始，父亲好像也很开心。一般这种情况大多是儿子首先有此意，然后开始展开寻找父亲的行动，找到之后花时间和父亲培养感情，接下来就是两个人一起住。

分离好些年，连面都没有见过的人因为彼此心灵相通，所以才共同组成一个家庭。因为有了身为家庭成员的意志，所以才形成了家庭的形态。若是心灵不相通，就不算家庭了。

比起家庭的形态，要先有成为家人的想法，才更适合称为家庭，血缘并非那么重要。

因此，我想重新思考幸福的家庭到底是什么。

有很多日本人这么想："我想死在家里的榻榻米上。"但是，现在我觉得应该改成"我想死在家里的床上"吧。

我想很多人都想在自己家里，在家人的守护下咽下最后一口气，但似乎在医院的病床上死亡的情况比较多……

没有家人的人会怎么样呢？没有守护自己的家人，在不被人发现而咽下最后一口气的例子似乎不少。随着社会趋向高龄化，独居老人逐渐增加，在城市里有很多"孤独死"的例子。

如果是在乡下地区，因为社区间的联结紧密，所以"孤独死"很容易被人发现。邮差或是派报员在送件时会顺便打声招呼，以确认这家主人是否平安无恙。甚至有些地区会在玄关处插上象征主人平安健康的黄旗。之前发生地震的长野县白马村，因为知道彼此的家庭成员，甚至知道谁睡在哪间房，所以在地震发生后可以马上从崩塌的屋子中救出伤者，无人罹难。

在老龄化社会中，所谓的家人，并非拥有同一血缘的人，而是社区中的人才是真正的家人。有了这样的家人，不会孤寂或有任何不便。现在是再一次考虑何为家庭的时候了。

大家都会觉得独居在城市中，一个人就这样孤单离世实在悲惨，但真是如此吗?

也许当事人非常享受一个人生活的乐趣，也许活得自由自在也说不定。或许当事人正期待自己不被任何人发现，就这样悄无声息地离开这个世界也说不定。

或许身后事会给家人或子孙造成麻烦，但只要当事人愿意，那又何妨。孤独死，应该是抱持着某种觉悟而选择的。更有些绝症患者选择这样的安乐死法：先是慢慢减少食物的摄取只喝水，然后不吃不喝逐渐虚弱，直至离世。

有人可能会觉得这有如横死荒野，但我认为只要思考过自己的死亡就好。

或许与其在无情无义的家人守护下离开人世，不如独自一人满足地咽下最后一口气离开。

一个人的死法代表这个人所选择的生活方式，只要对自己负起责任就足够了。

死后不进家族坟墓的人越来越多

身边有家人也不一定幸福。反过来说，没有家人会不幸也不是绝对的。我的友人大多是一个人生活，而且他们知道如何让自己充分享受生活，遇到心烦的事时，身边也有愿意敞开心胸倾听的朋友。

我在从事主播工作时认识的一位学妹，现在是一位非常活跃的社会福利方面的专家。她转职到关西时，认识了一些值得信赖的朋友。她集合了大约10位朋友，他们为了退休后的生活，把共同居住地定为关西，因此平时住在东京或各地的人也为此相聚一堂。

她在东京和母亲一起生活，但是为了将来在关西生活，所以常来这里跟朋友们见面。她邀我一定要过去看看，我也思考着新的家庭生活方式，所以就过去参观了。

我所知道的养老院之类的地方多是以管理型为主。对管理者而言，为了管理方便，很少确保老人的个人自由。但是对于想努力工作到最后，想按自己的意愿而活的人来说，自由是不可轻易舍弃的。

相同想法的人聚在一起、募集工作人员，然后到了最后彼此尊重一起生活，现在开始出现这种新的家庭形态。

我有一位大学时代的友人，虽然她生在一个很富裕的家庭，但是她说她的生活方式要自己决定。自从另一半在10年前离世后，她就一个人生活。她一直在父亲名下的大楼从事管理工作，招揽有相同想法的学弟学妹进入她的公司工作，彼此宛如一家人。

她和好几位可信赖的朋友一起决定，死后要进入同一个墓穴。在她的老家有宽广的墓地，而且当地还有自家的神社，她的老家还被列入文化旅游胜地，据说她家还被列入当地巴士旅游的观光景点……

之前她父亲在世时，我曾拜访过她家，半夜起来上完厕所回房时，不小心还会迷路，那真是座大豪宅。

我们建立属于自己的家庭，和心灵相通的伙伴一起把骨灰放入同一个墓中，在这个社会逐渐看到这般不同以往的尝试。我觉得与其将感情不算好且心灵不相通的家人勉强放进同一个坟墓，不如这样的新尝试，看起来还比较自然。

有的人选择把骨灰撒到大海里，有的人想把骨灰埋在树根底下，等等，有多种安葬方式。我觉得非要把家人放在同一个墓中是很没道理的。

我们可以感觉到近年家庭形式的变化。有的媳妇表示“到死也不想进夫家的坟墓，再被婆婆欺压”，我想这是世间媳妇们忍无可忍的心情。说到身后事的态度，就可以清楚了解到这个家庭的大概模样。

在我的身边也有很多人不愿死后被放入历代祖先的墓中，或是不愿进入夫家墓中。她们生前为了在社会立足而多方忍耐，但是死后便不想再与丈夫在一起，而是想和心灵相通的人或与父母在一起等，其实这些想法都不难理解。

我当然不想和连面都没见过的人放在同一个墓中。

如果是我，比起夫家的坟墓，我更想在死后进入历代下重氏祖先的坟墓。

我哥哥做了他们自家的墓。虽说只有在婚丧时全家人才会聚集在一起，平时不会相聚，但现在就连这样的机会也没有了，家庭只是名义上的约束罢了。

家庭变得徒有其表，我想这是人们失去心灵交流这个最重要部分的证据吧。

就算不结婚，和别人一起生活也是很重要的

有个写作团体叫作日本文艺家协会，他们有个作家的墓——在富士山的山脚刻上名字，想把全家人的骨灰一起放入该墓中也可以。

不愿骨灰被放入自家的坟墓，而是想放入这个坟墓的人逐渐增加——我也是日本文艺家协会的一员——我也想这么做。

因为想把自己的骨灰放入这里的人很多，听说要排队等待很久，之后要如何做是个大问题。但我确实知道很多人无论如何都不想被放入历代祖先的坟墓。我曾在电视里看到，有些无主墓或是没有人看管的墓地在被翻整后，墓石不知道该如何处理的报道。原来没人看管、没人祭祀的坟墓有这么多！

虽说是历代祖先的坟墓，但要花相当多的时间和金钱才能去扫墓，所以没人祭祀的坟墓会增加也就不奇怪了。

我们下重家的坟墓在亲戚负责管理寺庙的墓地里，也就是在文京区团子坂上的光源寺。因为是从祖父母那代开始的，所以里面的人我都认识。中元普度时一有时间，我就会带着自己选的花过去，在墓前双手合十祈祷。

我丈夫家的墓在多磨灵园里，有很多有名或无名的人的坟墓都在里面，但是从他祖父母那代开始，他们家的坟墓就在这里。据说本来是在乡下，后来才移到东京。在那个墓园里走一走，看一看其他坟墓种植的树木或花草，以及墓石和墓地状况，只要看一眼就知道那些坟墓的家人有没有常来照料。有的坟墓长满了青苔，而且还被不知名的大树遮盖了整片天空。

前阵子我造访了一次墓园，里面长着不知名黑色果实的大树已经长成了参天大树，我折了枝请附近花店帮我查了一下树名。我一直都想一年去扫一次墓，但无奈事与愿违。

家人离世之初还会前来吊祭，但慢慢地就来得少了，最终就都不来了。孤寂，是这个时代的潮流。我完全明白家庭是活着的人才有的——至少，家庭是以活着的人为中心的。

虽然不能说是无情，但是家庭并非永远紧紧相系，家庭的概念或是家庭的形态都会随着时代的变迁而发生变化。

因此，我觉得没有必要以既定的观念来理解家庭，也没有非要怎样才能代表“家”的概念。只要在家庭里生活，并且建立起让自己舒坦的生活方式就够了。

比起持着疑问而带给彼此压力的家庭，身边是否围绕着心灵相通的人才是重要的。

如今，我的家人中只剩下我丈夫一人，若要说我是否和我的丈夫心意相通，老实说，我不知道。至少我们俩的价值观是相同的，我喜欢他淡泊名利的品性。

我看遍周遭的男性友人，很少有这样的男性。虽然我的座右铭是“淡然处之”，但是和我的丈夫相比，或许我对于现世的欲望比他强烈得多。

我的丈夫，也就是我人生中的伴侣，我非常感激他。

我不太喜欢家庭中过度依存的感觉，但是如果有一起生活的伴儿是很棒的。

我觉得试着与没有血缘关系的人一起生活是很重要的。尤其对于像我一样，反抗父母然后任性地生活至今的人来说，和他人一起生活教会了我许多的事。

因为与他人一起生活，就没有办法像自己一个人时那样任性妄为了。我们必须考虑到对方的心情或是在外面还有什么事情。我觉得学习到要设身处地地为对方着想是很不错的一件事。

家庭相册代表的意义

山田太一所著小说《岸边的相册》因为被翻拍成电视剧而闻名。

1974年多摩川的堤防溃堤，有19栋房子地基被冲垮后，整栋楼被冲走，《岸边的相册》是以此为基础而创作出来的。一个平凡的中产阶级家庭，妻子和年轻男子发展出不伦关系，丈夫的工作是介绍东南亚女性到风月场所赚钱，就连孩子也有各自的秘密，但是表面上大家都和睦相处。因为堤防溃堤，让家人之间的问题都浮上台面，平凡家庭也因此淹没在滚滚洪水中。影片开始时使用的是新闻中滚滚洪流的画面，让人印象深刻。这个家庭最后死命地从坍塌后的房子里找出来的居然是家庭相册，这令人感到多么讽刺。相册里的全家福是一家人在多摩川的岸边，集体露出装模作样的笑容。

对于以全家人围着餐桌谈笑风生的画面来结尾的家庭连

续剧而言，这是一部令人印象深刻的作品。《岸边的相册》仿佛在告诉我们，家庭是彼此仅有的联系。即使家庭崩坏了，就算这一切都是用谎言包装出来的，但我们所能依靠的也只有家庭而已。

在我看来，真正的家庭不应该是寄托在相册里的惺惺作态，真的有必要因此不惜牺牲性命地把相册救出来吗？

我的老家在多摩川的下游，1974年的洪水泛滥时，我也住在那里，所以到现在还有鲜明的记忆。在山田太一的描写下，这真的是部毋庸置疑充满恐惧的作品。

在"3・11"东日本大地震发生后，人们茫然地站在被海啸冲走的房子的海边来回地寻找相册。

小孩出生后，在成长的过程中，我们会不时地拍摄全家福。在我小时候，并非家家户户都有相机，所以总是全家盛装一起去照相馆拍照。我家也是如此。我的生日、哥哥的开学典礼等，父亲和穿着和服的母亲会一起去照全家福。

那个时候，父亲心里有什么感觉呢？母亲心里又是怎么想的呢？

这些是用不同于日常的陌生面孔来象征家庭的相片。

战后，我们家就不再拍全家福了。也许是经济上没那么富裕了，因为父亲被解雇而失去了工作，还有哥哥逃离家乡去了东京，而我也离家在外寄宿。我几乎没有全家人聚在一起拍照的记忆了。从那时起，我们家就开始四分五裂了。

我家的全家福照片是构建在军人家庭的虚伪装饰下的。杂志或电视采访时说需要以前的全家福照片，我曾心不甘情不愿地交出那些相片，但是我个人非常不以为然。

如果我家遇到了什么灾害或事故，我应该不会不顾性命地想把全家福相册救出来。对全家福照片中强颜欢笑的家人或是自己，我没有任何眷恋。

因为工作的关系，我有很多拍照的机会，但是我手边却很少有自己的相片。

如果要我提供以前的照片，我会感到很困扰。我认为照片不过是记录过去的自己，我没有以看相册怀念过去的那种心情。

家庭有时让人感到身心俱疲

我家只有在我还很小的时候，才知道什么是全家团圆。就算曾经有这样的机会，但不知为何就像流沙般消失得无影无踪，之后一想到沉浸在全家团圆那种幸福和乐的气氛中时，就会让我浑身不对劲。

虽然父母和哥哥都非常疼爱我，但是我到了某个年龄，用餐时虽会和父亲见面，但我会以最快的速度吃完然后回到自己的房间。从那之后，慢慢地就不和父母及哥哥坐在一起吃饭了。

这可能也和我生病有关。我小学二三年级时因为得了肺门淋巴腺炎而休学了，所以在家里也被隔离。之后因为病情恶化变成了肺结核，我又被隔离到了单间。

因战争避难时，我也没有去转学的学校报到，家里有一个乒乓球桌就是我的床，我每天的任务就是记录自己的发烧状况。我没有朋友，顶多就是去对面的陆军医院，和医院穿白衣的士兵聊天，他们是初期的肺结核患者。每隔一天，那个医院就会派军医来替我诊察一次，然后帮我打一种叫作“结核性疾病治疗新剂”的静脉注射。那时候肺结核的特效药还没有研制出来。

在那时唯一可以陪伴我的，是爱书的父亲在撤离时带出来的藏书（大多是小说）和画册。我兴趣盎然地一页一页地翻着，一点儿都不觉得无聊。

因为曾经有过这样的时期，所以我习惯一个人独处消磨时光。我擅长发掘独处时的乐趣，就算是让幻想天马行空地驰骋，也不觉得枯燥乏味。

我不会期待身边的家人为我做些什么，因为就算期待了，也不会如我所想，只是彼此间产生冲突和嫌隙，然后徒留伤悲罢了。

有时我想出去玩，或是想着如果有个跟我同龄的朋友就好了，但是对于生病的我而言，这是不可能实现的愿望。这是种近似于放弃的心情，因此我不再对他人有过度的期待。

与其期待别人，不如一个人比较好。我从小就明白了独处的乐趣，也在不知不觉中被迫了解到虽说我们是一家人，但是每个人都是不同的个体。

我的肺结核和“二战”一样结束了，然后我迟了一年重返学校，但是我喜欢独处的习惯却一直延续到了现在。

之后每当家里起了纷争，如与父亲大吵一架之后依然选择原谅的母亲……这一切令我无法忍受时，我就把自己关在房里，才能感觉世界和平、无灾无难。正因为我不期待家人，所以如果我被人期待，就会感到有负担，我不想进入他们期待的学校就读或是考他们想要的分数，我也不会为了他们而努力。

于是我一直随着自己的心走自己喜欢的道路，我知道我要靠自己的力量好好活下去。尤其在经济上的独立自主是必须的，因为若经济不独立，一切就都没办法开始了。

也因为我清楚地感觉到自己的想法和生活方式，所以我敢和母亲对峙。我也渐渐变得能理解她的养育方式和想法。

家庭也是一个独立的团体，不管是三个人、四个人还是五个人，都是一个团体组织。

想到自己的家庭，就会容易有过度的期待，接着期待容易变成压力，最后就养成依赖的习惯。

家人之间，只要如微风徐徐吹过就好。如果彼此靠得太紧，反而看不清楚对方，再加上家庭有排他性格，所以实在没有比家庭重压更令人感到吃力的。

如果不能忍受孤独，就不能理解家庭为何物。

若是一个人不能享受孤独，就算家人在身边也无法享受孤单。

人唯有能够理解并享受孤独，才能体会他人的心情。不管是对家人还是对社会上的人都是相同的。

为何这样说？因为家庭正是社会的缩影。

03
了解你的家人

倾听对方的声音，

不要先入为主地评断你心目中所谓的“家人”，

因为，真正的家人与血缘无关。

因家庭照护而增进的亲子关系

我每个月会有一次在NHK文化中心讲授散文写作的课，至今已有20年了。参加上课的学员从年轻人到年长者，年龄层分布很广，也有人远从山形的鹤冈、日光、滨名湖附近过来。他们工作在各行各业，至今的人生经历也各不相同，因此有许多值得我参考和学习的地方。

有位女学员曾经担任过市长秘书，离开工作岗位后就积极参与老人福利问题，然后一直目送这些老人走到生命的尽头。

这位学员本身也照护着年近百岁的母亲，所以花在工作上的时间有限。她母亲住在八王子的老家，和弟弟夫妇一同生活。她是在这个家长大的，因为弟弟和弟媳与母亲在一起，所以由他们帮忙照料母亲的生活起居，以便让母亲在自己最熟悉的环境中生活。以现状来看，或许可以说是幸福的吧，毕竟心灵层面的照护无法委托他人之手。我这位女学员每个月回去几次跟母亲聊天，多少可以确保母亲情绪和精神上的稳定。也许母亲多少有点儿记忆力衰退的问题，但一直处于稳定的环境中，也有人可以说话聊天，所以才能一直保持良好的精神状态。

这位学员的母亲个性纯朴，仿佛照顾他人就是她的生存意义。每次这位学员回乡，她母亲都会把在家附近捡的土鸡蛋托她带回来送给友人，以此讨大家欢心。每次上课时，这位学员就会说："我刚回了趟娘家。"然后就把土鸡蛋送给我。每每看到圆滚饱满的鸡蛋，我就很想赶快回家吃一碗生鸡蛋盖饭。因为是放养的土鸡，所以土鸡蛋的味道更是不言而喻。每次鸡蛋快吃完时，她就会帮我送过来。那时我就知道"啊！你一定又回去看妈妈了"。她因为不想夺走母亲的生活意义，所以听从母亲的吩咐帮忙分送鸡蛋。她的母亲仿佛要紧紧攀附着记忆的线索，才能借此一一回想起过去的场景，所以嘴巴时常念个不停。

我的母亲也是如此，尽管没有钱，但仍然喜欢送礼物或是请别人吃好吃的。这是她仅存的沟通方式，并不是我应该干涉的。有时我抱怨几句，她就脸一沉，看似悲伤。虽然我也想再多听她说话，但是等我开始这样想时，她在81岁时去世了。母亲是个比起任何人都爱说话的人，当她面对不爱说话的女儿时，我想她一定非常孤单寂寞吧。

那位参加散文课的女学员说，在她还是市长秘书时，因为工作非常忙碌，所以根本没有时间好好听母亲说话。不仅很少回家看母亲，而且就算回去也只看一下母亲的脸就匆匆返回工作岗位。母亲进入百岁高龄，身体渐衰，当她感觉到母亲望穿秋水般地引颈期盼她的归来时，她才开始学着跟母亲说话。

她说她母亲在80多岁时还什么事都自己做，所以几乎不会跟母亲说什么话，如果她母亲在那时候离世，她很有可能就没机会和母亲好好相处和交流。

因此，当她觉得应该照顾母亲时，才开始每月回老家几次看看年迈的母亲，这时才初次体悟到需要倾听母亲的心声。

等到静下来和母亲说话才发现，原来彼此对于事物的思考模式和彼此的性格上，其实很多都不一样。

曾发生一些让她惊讶的事。长久以来，她一直以为母亲喜欢的是生鱼片等新鲜鱼类，所以每次回家看母亲时都带新鲜的鱼去探望，但是后来才知道原来母亲喜欢的其实是鳗鱼。从那时候起，她每次回家探望母亲前，就会特意去一些鳗鱼名店，买蒲烧鳗鱼饭给母亲品尝，每次母亲都吃得津津有味的。

因为她母亲是旧时代的人，所以她就先入为主地以为母亲喜欢吃鱼，但并非如此。仔细观察一下，比起鱼，她更喜欢吃牛肉炖饭或是其他的猪肉饭和鸡肉饭。

我们常有种刻板印象，以为上了年纪的人都喜欢清淡的鲜鱼或是蔬菜之类的，但是据说到老还神采奕奕的人多半都喜欢吃肉。日野原重明医师（圣路加国际医院名誉院长）现今已经105岁高龄了，但他还是和以前一样每天努力工作，并且有自己的兴趣。据说他现在还一个礼拜吃一次牛排呢。听说濑户内寂听[①]也很喜欢吃肉。

她说："每个人生来都是与众不同的，但我却像使用说明书一样，把刻板的印象强加在母亲身上。"

人只要上了年纪，性格就会渐渐显露出来，喜好也会越来越分明。照顾长辈时不能强加先入为主的观念，而是应该仔细找出长辈的喜好。

我每月都会去拜访几次岩手县的社会福利机构，据说他们就是这样做的。我也不时地观察，发现人只要上了年纪就会变得很有个性。因为时间、金钱和体力都减少了，把注意力集中在该做或想做的事上，随着岁月累积，年长者的个性就会慢慢地显现出来。

①小说家，也是佛教天台宗的僧侣。

父母需要被照顾时，才会表现出软弱的一面

我们希望人在死之前能按自己的意愿而活。因此，照护年长者并不是“一把抓”、用同一套模式来管理，而是应该尊重每个人的个性与喜好，但现实并非如此。现实是在照顾年长者时，用同样的娱乐方式或同一份餐点来满足他们，因为这是最简单不用动脑筋，也不用花太多钱的管理方式。

大部分的社会福利机构并不是以入住者的权益为出发点考虑，而是以机构经营者或成员管理是否方便控管来判断、经营。

看护员的工作条件并不好，看护机构补助也有被削减的倾向，因此没有办法确保每个人都得到无微不至的照顾。

我的学员这么说道：“家人之间最能彼此了解、最能好好说话的时候，不就是父母需要特别照顾的时候吗？家人之间不管是否愿意面对面，都要为了增进对彼此的理解而开始

静下心来对话，不是吗？”

或许真是如此。身体健康时，为了五斗米折腰而忙碌的每一天，根本没有办法好好花时间去了解对方。每个人都要顾及自己的生活，新的家族成员又陆续诞生。渐渐地照顾孩子和教育问题占据了全部的注意力，无法分心去关注到父母，不知不觉中就产生了巨大的鸿沟。

我身边不时会看到或听到，辛苦做着居家照护的事情，虽然生活方面可以委托护工来做，但是精神层面还是只能由家人承担。

唯有接受这等压力的重担以及看护的辛劳，我们才能说抓住了好好了解父母的机会。就像我的学员所说，只有父母处于弱势，我们才能知道父母亲最原始的样子。

父母处于父母的角色时，我们难以看到他们的内心深处。因为人在健康时，不会让外人看到自己的弱点。如果一直以为父母就是这样的样貌，就可能一直看不到父母露出弱点后的原貌。当孩子的成长超越了年迈的父母，父母就没有办法再摆出父母的模样，而兄弟姐妹也有各自的生活。所以家族成员要彼此合作、互相帮助来分担看护父母的重大责任。

过去的大家族是大家共同生活，所以需要包容彼此并且设身处地地为他人着想，但是现在被切割为小家庭后，彼此之间就变成了徒有形式的家庭、父母和手足关系。这样就永远失去了了解彼此的机会。

到了父母需要照料看护的时候，家人间才能重新获得好好说话、彼此理解的机会。

我婆婆直到100岁离世前，我还常去探望她。她常告诉我，在她童年时代夹在两个家庭中以及初中念女校时的事情。当我再细细追问时，她记忆的细绳仿佛解开了一般，滔滔不绝地说起来。我想任何人都希望被人了解，而我所能做的就是真心实意地倾听老人家的心里话。

家庭为何具有排他性

每年到了8月的盂兰盆节[1]或是新年时，一定会上新闻头条的就是返乡人潮。高速公路上的车阵绵延好几千米，新干线的乘车率超过百分之百，父母一只手紧紧牵着孩子小小的手，另一只手拉着重重的行李箱。

“寒假最期待做什么呢？”记者递出麦克风采访小朋友。

“我最期待见到爷爷奶奶。”

“我想要捣麻糬，还有堆雪人。”

父母也在一旁眉开眼笑地答着：“最想要让老家父母看看孩子长大的样子。”

“能够收到我爸妈给的红包也不错。”

被访问到的人都是大好人。

①日本的传统节日，与中国的中元节相似。

电视里看到的家庭成员都是善良的人。因为电视媒体每天给我们看的就是这种“好家庭模式”，就算是街头的随机访问也是早已设定好的场景。

满心期待很久一次的返乡、探望老家年迈的父母、让孩子在乡间田野畅快地奔跑，这些大人的心情我都能体会，但是对于没有乡野田园可看的孩子而言，心里又作何感受呢？

我每次看到要在这种人挤人的混乱中，大人带着孩子搭车、转车就觉得非常不容易，但是在目之所及的返乡人潮中，不仅每个人看起来都兴致勃勃地归心似箭，还带着一种得意扬扬的神情。

人们为何会想身在这般人挤车塞的混乱中呢？是因为置身于这来去匆匆的返乡盛况中，可以获得一种日常的安心感吗？

若是没有家人的人又该如何做呢？

我有一位单身的女性友人说道：“没有比新年或盂兰盆节更令人忧郁的节日了，不管去什么地方都是成群结伴的家庭，没有像我们这种单身者的立足之地啊。让我感觉自己好悲哀，所以我只能跟团去国外旅游。”

但是听说最近这种旅行团也被家庭客占据，而没有单身者的一席之地。本想在市中心的饭店里悠然度过，但是从料理菜单到节目的安排都是以家庭为主来规划的，让我们不管愿不愿意都会意识到自己是一个人。

若说到对家庭的传统印象，无非就是全家人围在暖桌旁，一边吃着橘子，一边看红白歌唱大赛等跨年节目。

她说："我只要头脑中浮现出这样全家和乐融融的景象，就会全身起鸡皮疙瘩。"

其实我也不喜欢。沉溺在家人怀抱中的撒娇与安逸，让我产生一种杂乱无序的厌恶感。

在电视台工作时，每到了岁末年终都是工作最忙的时刻。因为这个时期有很多现场直播的节目，所以如果这段时间我有空就代表我的工作能力很差。因此我和父母碰面时已经是新年过后三天的事了。

可能是以前延续下来的习惯，所以我现在就算岁末年终之时都是在工作中度过。别人在忙时，我会出国旅行；别人在玩时，我会专心投入工作，我喜欢这样的逆向操作。岁末年初的东京天空非常清亮透彻，我总是在大年初一去住家附近的增上寺或祖先神明所在的种佛寺庙参拜，然后回家写稿。

因此我并非什么事都不做。正月的头三天，我家只有我和丈夫两个人，我们一定会穿上日本和服喝传统的屠苏酒，以庆祝新年的到来。公寓大楼的门前两侧也会摆上绿意盎然的门松[①]，我丈夫也会着手准备过年的饭菜。大年初一的晚

①日本新年时放在家门玄关两侧装饰用的竹子与松树，包含召唤年神降临的寓意。

上，我们一定会看电视转播的维也纳新年音乐会。古典音乐总能让我静下心来，所以这节目是最适合我的。

虽然有时候友人也会来拜访，但是我觉得让自己拥有安静的时刻非常重要，所以过年或盂兰盆节等节庆我都不会出门。

我想说的是，我们不应该配合其他的家人或是一窝蜂地跟着社会潮流，而是应当考虑自己的家庭形态来计划如何度过节日。

就连乡下一些地区也有各自度过节庆的各种节目。村落里的村民奉上酒和各种供品给山上的神明，然后每天轮流交替去山上点火，还有舞龙、舞狮等各种让新年热热闹闹的节庆节目。现在不管哪个村落都没有年轻人，到处都是高龄的老人家，所以也没有参与庙会或是各种节庆节目的年轻人。

我有位友人，他家是个持续百年以上的大家族，每年家族成员都会从都市各地返乡。家里有夫妻和两个孩子、祖父和长姐，可以工作的男人中除了40多岁的他之外，村落里已经没有其他壮丁。所以只要村落里有什么聚会，他就一定会被要求出点儿力——例如大扫除、铲雪或割草、需要村民共同出力的工作，或是从古延续至今的节庆节目等。

据说在医院里工作的他，也曾深思这样大费周章从都市返乡到底是好还是坏。

虽然“小家庭”这个词已被广泛使用，但是还愿意从大城市劳心劳力特意返乡的极少数人，背负了社会规范与沉重的现实，有时难免身心俱疲。维持基本生活的工作不仅难找，就连返乡参与各项活动的心理准备都未能做好。

“你真是厉害呀！”每次同事这么说，他都坐立难安。

何为家庭？个人的生活方式有可能会和家庭背道而驰吗？若真是如此，家庭会不会因此阻挡在每个家庭成员面前，并且妨碍其生活方式呢？

对家庭放手是否再也无法家和万事兴了？某电视节目《为鹤瓶的家庭干杯》或是其他电视剧等，都是以描写对家和万事兴的憧憬为主流。

人们歌颂这样的家庭制度，就像在战争时期，家庭如果团结一致的话就方便治理。所谓振兴乡镇地区，也不外乎是在各地创造好方便治理的家庭，这样就能带动地方革新。因此从这层意义上来说，家庭就是一种“小型国家”。

若真是如此，类似“小型国家”的家庭就得具备一种排他性也说不定。国家在为了保护自己时，通常都会不得已发动战争，家庭也会为了整个家族的和平与安泰而排他，甚至会实行各种“只让自己好、只让自家兴盛”的行动。

以家庭为名的暴力

我在电车里曾遇到一家人结伴出游，好像是父母和两个孩子的四人家庭。如果是父与子、母与子，或是夫妇这样一对一的关系，还有种对彼此间的紧张感，但是这种四人家庭真的很不好，因为父母只会照顾孩子。

只要电车上一有空位马上就会说“现在有空位了”，然后催促孩子去占位。抱着婴儿的妈妈姑且不论，我觉得没有必要让活蹦乱跳的孩子坐。我认为应该让孩子练习用自己的脚站稳，一看到老人家或是身体不方便的人要主动让位，我希望各位父母能够做好这样的家教。但是现在目之所及的多是和朋友霸占博爱座，然后嬉笑怒骂玩得很开心，而丝毫不顾虑周遭他人眼光的孩子。

我去纽约的朋友家玩时，每次出门都坐公交，常常被让座。我大约60岁，但我想应该是因为我是女性所以才被让座吧。

公共场所的礼仪可以显示这个国家的国民成熟度。家人彼此间不能总是安逸于自己的世界，而应当拥有身为社会中一员的成熟度。

我从乡下回东京时，在飞机上曾看到过难忘的一幕：有一位80多岁的老人家坐在我前面，我觉得这可能是他的初次飞行吧。

看得出老人家充满着期待与紧张，他坐在窗边的位子，视线望向窗外。

天边出现了五彩缤纷的晚霞，晚霞余晖染红了整片天空。

突然间伴随着吵闹的声响，一家人浩浩荡荡地进入机舱坐在老人家身旁。孩子对母亲说："妈妈，我想坐在窗户边，我看不到外面。"

"这样呀，如果谁能给我们让个座就好了。"

那位老人家似乎听到这样有针对性的讽刺对话，最终只好让位了。

若那位老人家果真是初次坐飞机旅行，可想而知他有多么期待窗外的景致。我差点儿忍不住要出声替那位老人家说话，虽然我最后忍了下来，但是看到这种以家庭为名的暴力方式，真是让我怒火中烧。

不被人依靠的孤独感

8月，我的舅母过世了，享年92岁。她一直一个人在湘南辻堂的老人公寓生活。

舅母和我并没有血缘关系，而我舅父在10年前就已经离世了。他们膝下无子，也许是这个原因，所以他们晚年过得很辛苦。

我的舅父是社会福利方面的专家，他是日本社会事业大学的名誉教授，也有许多关于社会事业和佛教史的著作。

据说直到他离世前，他还在家里彻夜工作，直到天亮。我想，对一个学者来说，他应该称得上是寿终正寝了，他过世时享年91岁。在千叶的佛教系大学叫作淑德大学，里面有一个彰显舅父一生对社会福利贡献的石碑，被称作学问之碑，一旁还有他的坟墓。

在舅父的推荐下，舅母大学毕业后进入出版社当编辑，之后当了别册刊物的总编辑，针对农业或女性问题到处巡回演讲。

而我想说的是，舅母是一位工作上能独当一面，同时也是位浑身散发着异国情调的美人。她算是女性自立工作的先驱者，而且她很擅长装扮自己，就算上了年纪也很美丽，是我憧憬、崇拜的对象。

舅母其实是个养女，她在东京父母的土地上盖了另一栋房子，与舅父两人生活。舅父过世后，她一个人整理这大房子着实辛苦。舅父是上越地区地主的长男，因为农地解放的关系，留下了许多房产和山林及田地，他过世后这些要怎么处置呢？

舅父在东京从事学者的工作，在祖母晚年时，每周末都会回上越，所以没有什么人可以继承山上的林产和田产。我另一位舅父在仙台当医生，他的妻子是女子大学的教授，两个孩子都因病过世了。

若要考虑到血缘关系，和上越老家有关系的只剩下身为外甥女的我了。我已经有了自己未来要走的路，而且我的工作必须留在东京，最后还是没有人能够继承那个新潟的老家。

有200年历史的雪国房屋一到夏天，除了我大舅父会回去避暑外，几乎没有人使用了。就连佛堂都有6个榻榻米大小，家里还有两手环抱不住的大柱子，在这个还留有过去大仓库的家里，现在却没有半个人住。

舅母虽然在生前花了许多时间整理资料、整顿房子，但是那种辛苦实在是笔墨难以形容的。虽然想拜托专业人士来帮忙，但因为大多是老房子，所以不容易处理，再加上这是在大雪地带的偏远乡村，就算捐赠土地和山林，如果没有付出高额的费用，一般人也不愿意接手。

隔壁邻居从祖父母健在就开始帮忙照顾房子，所以舅母过世后就把房子让与邻居使用。

想来还真是有点儿麻烦。之后事情告一段落后，她也把东京的房子处理了，住进了老人公寓。

这是一栋附有医院设施的老年公寓，平常可以自由地生活，身体不舒服时可以住到医院里。舅母的房间是两室一厅，因为在10楼，所以视野非常好。

餐点和其他的设备也很完善，只有来工作的人可以入内，其他人都不能入内，所以舅母几乎都在房间里用餐。亲近的人只有老年公寓派来的一位护工和另一位入住者。

不管怎么说，我舅母都是个坚强独立的人。

她不管对自己还是对别人都非常严格，就连我也被骂过好几次。例如，因为我出书了，赠书给舅母，结果被舅母句句犀利地切中要害，还被训诫说，虽然这是一个朴实的工作，但也要全力投入。身为晚辈的我听了之后，大气也不敢吭一声。因为舅母之前曾是出版社编辑，所以就连相片中我身着和服的穿衣细节，也被一一纠正。

舅母虽年过90岁，但思路依旧清晰，常会火力全开地批评政治或社会时事等，我也常常觉得“真是输给她了！”

当我听说舅母身体微恙，想去探望她时，她婉拒我说不用特地跑一趟，所以我就只有在电话里请安问候。

去年夏天舅母开始没了食欲，据说只能喝水。有一位住在舅母老年公寓附近，常去关照舅母的人，是我舅父以前的学生，他打电话告诉我应该是癌症晚期的症状，或许已经不会拖太久了。

当时我一听到是癌症，但是因为电话中舅母的声音非常有精神，没想到会是这样的状态，霎时如五雷轰顶，便急急忙忙地飞奔过去探望。

舅母虽然躺在床上，但是像往常一样热络地交谈。可能是打了止痛药的缘故，即便只能喝水，但我却看不出来她有丝毫衰弱的模样。

舅母几乎没有拜托过我什么，或是说想要什么东西。但是她却开口拜托了舅父以前的学生，希望他们夫妇能开车载她去赏花或是去湘南的海边，然后再去上越的老家看看。

我当时的心情真的很复杂，为何舅母不拜托我？为什么不想要接受我对她的好意呢？

时常在电话中说着“这样就不可爱喽”的舅母，为何不愿依靠我呢？是因为我工作太忙而不想特地麻烦我吗？对她而言，最亲近的亲人就只有我而已。虽然我们没有血缘关系，但对于她的生活方式，我是尊敬的，因此我特别有一种孤寂之感。

不断改变的家庭结构

我的母亲也是一样，她总是关心我的身体，她的口头禅是“要小心，不要给别人添麻烦”。

父亲过世后，母亲一个人在老家生活。每次来我的公寓时，我问：“要不要住几天？”她都一定要当天赶回老家。我对母亲唯一的孝顺就是每晚9点到10点间打电话确认她是否健康安好。每晚打电话给母亲这个习惯，是我不管去乡下还是出国，都会坚持做的事。

母亲心脏不好又有高血压，之后因脑中风而失去意识，约一个星期就过世了。因为病程太快，我茫然若失，什么事都没能为她做。

“要小心，不要给别人添麻烦。”就像这句话，我完全没有照料或是看护到母亲，她就离开了。

因为没有亲身体验到看护的辛劳，所以现在我还是有些遗憾。

为何我身边的人都说不想给我添麻烦，然后就真的这样过世离开了呢？

就像我舅母，我真的很想多去探望她。我希望她不要逞强，说出心里话。为何我不能让她们放心依赖我？其实我也深感自责，难道是我没有扮演好家人这个角色吗？

舅母曾说："我死时应该是9月吧。"但是后来她的器官急速衰竭，我去探病后的一个星期，于8月19日离世。虽然老年公寓里有附属医院，但是她拒绝住院，遵照她本人的最后期望，在房间里咽下了最后一口气。据说，她是老年公寓里第一个拒绝住院的老人。陪着舅母走完人生最后一程的是她喜欢的一位护工，她非常尊重舅母选择自立生活的方式。舅母的遗书被细细地记录下来，住在老人公寓附近的舅父以前的学生夫妇以及其他较亲近的学生，还有我和我的丈夫，我们按照舅母的遗嘱举行了只有至亲参加的小小葬礼。

葬礼办在一个月亮最靠近地球的超级月亮日。我一边看着散发着柔和月光的巨大满月，一边突然想到舅母应该已经变成《竹取物语》里的辉夜姬公主，回到月球了吧。

《竹取物语》中因为天皇的命令来护卫的武士，正在强烈的月光中不知该如何是好时，辉夜姬公主便踏着月光回到了月球。我想舅母也是一样，一定是舅父带着月光接走了她。

依照舅母的遗嘱，一部分骨灰放到淑德大学舅父的坟墓里，一部分在秋天结束时，随舅父的学生们一起送到上越老家纳骨入塔。那里有舅父亲自栽种的30株樱花树，在那个庭院的小小一隅，有祖先历代的家族坟墓。

祖父离世后，农地解放，祖母把每晚编绳所赚的钱都捐给了村里，为失去父母的孩子成立了基金会，因此在祖母的熏陶下，舅父也致力于社会福利事业。舅母是我舅父年轻时教过的学生，之后以独立女性之姿一直走在属于她的人生道路上，我所真心敬爱的两位长者，无奈已经不在人世了。

往东可以见信越国境，朝西远望是妙高莲山耸立的雪国乡里，这里有曾经繁华一时的两间宅院，不管是“上面的宅院”还是“下面的宅院”都在这一代迎来了终结。“下面的宅院”没有继承者，“上面的宅院”的老夫妇被接到位于长冈的长男那里去了。格子天花板上画着美丽的神佛绘画，这么漂亮的建筑物就这么被解体，被当作木材卖掉了。

我舅母生前说过：“这个家要绝后了。”我想这是自然而然的发展吧。现代的家庭结构正在改变，尤其是“知性家庭”的减少更是明显。

家人的关系又近又远

存在是理所当然的，不知道失去是何种感觉，像空气一样存在着的就是家人。“你了解你的家人吗？”每当我丢出这个简单的问题时，大家都是一副“你为什么这么问”的疑惑表情。

但若是我换一个问法：“你知道你的家人在想什么吗？”或者是：“他们正在想什么呢？”几乎没有人可以马上回答这个问题。

对家人没有花时间仔细思量的必要，在家庭里什么都可以被容许，还要花心思去理解，这对家人来说是一种冒渎。因为大家认为就算超过了合理常识的范围，家人还是会存在。

并不是每个人都拥有幸福的家庭，有的人背负着不足为外人道的家庭因素，而不得不想想到底什么是家人。

我想举一个非常相信家人的例子。

有位帮助处理我工作上大小事务的女性，40多岁，曾是我事务所里的一员。在事务所关了之后就来到我的身边帮忙，专门处理我不擅长的行政工作或是帮我处理事业上的一些细节，我们聊天时不免谈到家人，我发现她的家庭其实挺和乐的，家人的关系都很不错。

在熊本经营整形外科医院的父亲过世后，她现在住在东京。如果要好好整顿老家似乎很花时间，所以她关了医院，然后把父亲的坟墓移到东京的多摩。

她有两个弟弟都是医生，但是都在其他医院工作，所以不能继承父亲整形外科医院的衣钵。

大弟住在福冈，二弟住在东京的母亲家附近，她则是与她的伴侣住在一起。如果有事，她就会去母亲家住。我跟她母亲只在电话中交流过，感觉她母亲是个开明乐观且社交能力强、个性积极的人。在盖房子时，她母亲还可以把自己的想法跟建筑师沟通，感觉是个非常有工作能力的人。

她每每提到母亲时，总是充满了孺慕之情。就算个性再怎么强，再怎么想展翅高飞，可是讲到母亲就变得不一样了。有时她会说："我爱妈妈，很喜欢讲妈妈的事。"然后满脸笑意地讲起了自己的母亲。我有时也羡慕她对母亲的信赖。

她的两个弟弟似乎也很喜欢母亲，每到新年或是盂兰盆节时总会聚集到母亲的家里。她们家是个以母亲为中心的家庭。

于是我就问她，对她的家人到底了解到什么程度。她果然对母亲及弟弟的性格或生活都了若指掌。她对母亲的事像对自己的事情般了解，甚至可以说对母亲的事比对自己的事更了解。

但是，不知道是第几次她从熊本老家整理回来后，对我说："我回去帮母亲整理老家，终于明白一件事——我似乎不了解我的母亲。"

她的母亲恰好与我同岁，所以她对事物的看法我大概也能约略猜想得到。我也能明白在日本战败时，还是小学生的她不管愿不愿意，都要被迫接受当时社会的变化。

她在整理老家时，发现了好几本写着密密麻麻数字的笔记本和收据等，还有一些在医院会使用到的必要文件。上面都是她母亲的笔迹，由此可见，她母亲也参与了整形外科医院的行政工作。

在那之前，她认为母亲只是乡下地方医院的院长夫人。

在乡下地方有许多院长夫人出席的场合，她原本以为母亲只是在父亲的庇荫下过着无忧无虑的生活。

但是当她看了这些医院的文件，她对母亲的形象瞬间瓦解。原来母亲曾是父亲的得力助手，她似乎看到了之前一直没机会见到，与父亲一起撑起这间医院的女强人那一面的母亲。

她初次发现了母亲的另一面，意识到自己其实并不了解母亲，她再次体会到她并没有真正想去理解母亲。

其实个人医院或诊所，都会有院长夫人在后面帮忙支撑着。这和都市里的大医院不同，会计或是行政上的一些零杂的工作都会落到院长夫人的头上。不管是附近的邻居还是上了年纪的长者，都喜欢在小诊所看病时聊聊天，院长夫人自然而然地成了乡里间聊天的对象。

身为女儿的她没有发现这些方面，或许也是母亲特意小心不让女儿看到吧。

作为与她母亲同岁的我，每每听她描述母亲时，总有一种违和感，但这次听到她发现的事情，我却有种亲切感。

在发现母亲也曾努力工作的那一面后，她对母亲的看法或对待方式应该也会有所转变吧。

“迄今为止我什么都不了解，但是今后我也不打算去理解。”

她是这么说的。对于在身边距离最近的母亲却是最不了解的，更不用说是异性的父亲了。她的父亲身为一位整形外科医生撑起乡下地方的医疗体系，即使得了癌症到临终前，还一边自己做透析，一边照顾病人。对于父亲的内心想法则更是无从得知了。两位弟弟没有继承父亲的衣钵，我想她也一定没去探究为何他们不继承吧。

父亲死后，兄弟姐妹间以母亲为中心，看似是个和乐融融的家庭。从外人角度来看似乎本来就是个联结性强大、彼此了解的幸福家庭，但现今想来，他们是否互相了解？我不禁有这样的疑问。

我想家人之间或许就是种又近又远的关系。

只有两个人的家庭

我们家只有两个人。我的父母在20年前就去世了，我婆婆则活到了100岁。在日本大地震一个月后，婆婆也离世了。“3·11”大地震之后，为何有很多人不是受灾者却过世了呢？

我的记忆虽然有点儿模糊，但是我依稀记得我婆婆100岁时，头脑还非常清楚，她的脚因为不利于行，所以大多坐在轮椅上。她大概在养老院待了3年，我每个月都会去探望她一次。我丈夫是个很孝顺的儿子，他每个礼拜都会去探望母亲，顺便带去鲜花，所以我婆婆的茶几上总会有绽放的鲜花，就连负责看护的护士也非常期待看到那一朵朵美丽的鲜花。我丈夫大约从10年前开始喜欢花，我们家的花都是他买来插在花瓶里的。他认识一个名为“花长”的花店老板，并成了好友，所以每周都期待并沉浸在自己随心所欲的插花世界里。他的品位很好，常常在我夸他时，他也会说：“真的呢。”插花的花瓶也是以前我喜欢而收集来的。

我的丈夫有两个姐姐、一个妹妹，他是四个兄弟姐妹中唯一的男性。

往年每到正月初二，我们一定去他的老家拜访。在厨房里忙里忙外的婆婆、住在附近的大姐，还有喜欢料理的他一起准备年菜。我和喜欢喝酒的公公一起坐在暖桌旁小酌几杯。这里没有儿媳妇忙到满头大汗的景象，我想看到的人一定觉得非常不可思议，但是我觉得每个人以及每个家庭都有属于自己的模式，实在不足为奇。

所有的菜都煮好了，大家围在桌前，享受一家团圆的和乐。

自从公公过世、婆婆进入养老院后，我们每年正月初二就会准备好饭菜和屠苏酒，在婆婆位于养老院的房间里简单庆祝一番。

我们家现在是采取独立预算制，就是自己的东西自己买，共同的东西虽然没记账，但大概都是各付一半。我们有各自擅长的领域，虽然不会清楚地精打细算，但还是会谨守这个彼此间的分界。虽然年纪大了收入并没有增加，但是我丈夫有电视台和大学工作的薪资，我有时也会出书，虽然不稳定但也是一笔意想不到的收入。只要能保持这种平衡状态，现在的生活就是我们相处的最佳方式。

但是，两个人的生活中，心的交流状况又如何呢？家人之间就不用说了，我说的不是形式上而是内心的契合，是内心对对方的体贴与包容。

在日常生活中，这些常常会被忘记，但一遇到某个契机就会再忆起。

年轻时，他曾外派到国外，因此那时我们过着分居的生活。

我因为终日忙于工作，所以从没想过一起到国外，我的丈夫在中东贝鲁特工作，大概不到3年的时间。那时，我如果在海外采访，会顺道去看看他。虽说他是中东分局局长，但是扣掉当地的秘书、帮佣和司机的话，其实是校长兼撞钟，分局的员工也就只有他一个人而已。

中东战争时，贝鲁特发生了内战，被称作“中东小巴黎”的美丽海岸城市被无情的战争摧毁。那时以日本亚细亚航空为主，贝鲁特到处都有大间都市银行或是商社等分店，这里原本是中东与日本的交流据点，后来因为内战，大部分都转移到开罗或是其他区域了。

当时的贝鲁特是新闻、电视、通讯社等的媒体中心，日本联合赤军也潜伏在贝鲁特，也有好几个巴勒斯坦的难民营在这里。我曾经去那里采访过好几次，亲身感受到从耶路撒冷来的飞机每天跨越国界的轰炸。

由于贝鲁特的内战激增，大部分的日本人都撤离了，只有新闻工作者留下来传递信息。机场封闭，船也停止了运行，我还曾因此一度联络不上他。我询问他工作地点的电视台，但对方回答行踪不明，害我持续了一段不安的日子。

最后，电视台的人告诉我，他好不容易搭上前往塞浦路斯共和国首都尼科西亚的船，前去避难。因此我才知道了他停留的饭店电话号码。

那时我打电话给他，却没打通。不知打了几次，好不容易电话才接通，那时雀跃的心情我现在依然清晰记得。内心一股安心感油然而生，原本我已做了他可能已经死亡的心理准备，电话接通的刹那，我的压力就此释放，仿佛全身力气都被抽干似的软弱无力。

为什么那时候电话没有打通呢？事后我才知道原来他也想联络我，所以拼命地打电话给我，却一直都是占线中。当时应该是两边都在打电话，所以才打不通。我想这应该就是一种心灵感应吧，内心有一种莫名的感动。这可能是我和他心有灵犀的一瞬间。

之后，他就转移到了开罗电视台，我为了写驻外记录，也在开罗生活了约半年之久。这段时间奠定了我们这个家庭的根基。

他是制作人兼导演，我则是播音员，然后我又雇了自由摄影师，总算能做出电视节目传送回日本播放。

在那半年，我们俩或许可以说像一对平常夫妻。

之后，我们在日本的日子又再度展开了。到了50岁退休年龄，他就辞掉电视台的工作。因为他想独立出来，和友人一起专门做新闻节目的制作公司。

那时，东、西德间的围墙倒塌了，以罗马尼亚为主的独裁国家发生了巨大的变化。苏联解体，冷战局面崩解，世界正处于一个重大的转折点，不可或缺的就是这些最新的国际新闻。我跑遍世界各地持续采访，他依然没有好好坐下来喝一杯茶的闲暇时间。我自己的文字工作渐增，另外我也为长篇小说等字数较长的文艺作品的采访而忙碌奔波。

我和丈夫几乎没有坐在一起好好吃一顿饭的时间。在这样一成不变的生活中，某年的年底突然空出了时间，我和他在一个代理商友人的推荐下，一起去夏威夷的茂宜岛度假5天。我本来对去夏威夷度假没什么兴趣，但是因为事出突然，又正好是圣诞假期，所以就去了夏威夷。

出发时，他说胃好像不太舒服，在抵达茂宜岛的饭店后，吃了午餐、喝了点儿啤酒，然后就一直休息到傍晚。因为他感觉身体有点儿微热，所以量了体温，约40摄氏度。我们请大厅服务员帮忙找来医生，诊断的结果可能是盲肠炎引起的腹膜炎，马上送他到岛上唯一的医院，医生说如果不立刻动手术可能会有生命危险。因此，我在手术室的厚重大门外，一直等到隔天清晨手术结束。

手术期间出来的护士告诉我，因为他的肠子都结在一起，所以可能要花比较长的时间。等到手术结束，满脸苍白的他被推到了一个可以看见海的单独病房。那个时候我并没有想得很严重。因为术后的伤口已经慢慢愈合了，可是他却迟迟没有排气，所以决定再做一次开腹手术。他本来就很瘦了，经过了两次大手术后急剧衰弱，之后住院大概一个月之久。这中间经过了圣诞节和新年，我在夏威夷一个朋友也没有，加上也不能回日本，一个人倍感彷徨无助。有一天，有一位日本牧师来到了病房。据说他会定期去探望需要帮助的人，因为他诚心诚意的对待，让我全然地相信他，并和他商量事情。

我把工作暂停，然后留在丈夫身边照料。牧师夫妇得知我一直住在饭店里很担心，于是把我接到他们家，直到回国前都尽心尽力地帮助我们，这是对于我这个素昧平生的陌生人所奉献的大爱。这些教会的朋友几乎每天都会带着花来装饰丈夫的病房，医院的伙食吃不习惯时也会煮粥带过来。丈夫康复离开医院时，他们甚至还煮了红豆饭帮我们庆祝。

我实在不知该如何感谢他们才好，不管哪位都和我素昧平生。

回国时，为了照顾必须换纱布的丈夫，一位日本名叫作儿玉的护士长一路陪着我们回到日本。她是定居在夏威夷的日裔二代。承蒙了很多人的帮助，所以我丈夫的身体很快就恢复了。

我在那里感受到了义工不求回报的真谛。普通日本人对于自己认识的人都很亲切，但是对于不认识的人则非常冷淡。对于家人和亲戚，以及认识的友人都会非常珍惜萍水相逢的缘分，但是对于没有关系的人就容易翻脸无情。

但欧美地区的人则不同。我在夏威夷学到的是，只要眼前有彷徨无措的人，就算是不认识的人也要伸出援手。基督教精神的根本，我想就是立足于这种义工奉献精神。我觉得哪天若有机会，我也应该回报给需要帮助的人才对。回国之后的3年，丈夫原本瘦弱的身子变得更加骨瘦如柴，我需要花很多精力照顾他，照顾他也是我的义务。

不管发生了什么事，只有设身处地地为他人着想，并且互相帮助才是家人。我认为真正的家人，其实是一种超越血缘的关系。

印有全家福的贺年卡是一种强行推销幸福的方式

最近因为接到很多讣闻，所以过年时不会收到贺年卡。

收到的贺年卡一看，大致就知道这个家庭的状况。若是增加了家庭成员，不仅署名会增加，就连相片中的人数也会增加。因为大家都是拍摄全家福相片后，再把相片打印在贺年卡上寄出，有的是证明已经结婚的两人的结婚照片，或是新生儿出生后以宝宝为主的相片。而且，还会每年在贺年卡中报告孩子的年龄多大了。

我其实不太喜欢这种印有全家福相片的贺年卡。虽然我知道这是出自一片善意，但是收到太多，实在觉得有些困扰。

我认为这是一种强行推销幸福的方式。把家庭现状放到最优先的顺序，看不见隐没在其中的个人，或者应该说是感觉不到个人的存在。若是本来就对彼此的家庭非常熟悉的话那就另当别论，因为我想看的不是其他的家庭成员，会有一种故意作对的感觉，就像“明明我又没有拜托你，但是你却一直拿小孩相片给我看”这样的情况。

家人是拿来炫耀的存在吗？若是碰巧有机会那也就罢了，我不希望有人擅自踏入我家庭的私人领域。

若要说我的立场，我个人比较低调，所以不太希望被知道。可能也因为这样，我到现在还常被认为是单身。在工作场合，我的名字还是我出嫁前的姓，如果对方没问我就不会主动说，就像我的朋友黑柳彻子似乎也不清楚。

我和黑柳彻子在俳句聚会上总是在一起，有一天我先离开，结果她看到我的位子上放着我忘了拿的钥匙，便赶快打电话给我。刚好是我的丈夫接的电话，所以她就跟别人说：“有男人接了电话哦。”我想她一定以为我是单身，才会吓一跳。明明我已经跟我丈夫结婚40年了，还一起生活着呢。

之后，有次我以嘉宾身份上了《彻子的部屋》这个节目时，这件事马上变成话题焦点。我想她应该很震惊吧。

真正的家人关系和血缘无关

突然想到我曾被友人吓到的一件事。

这件事发生在和我住在同一个大楼的剧本家市川森一先生去世的时候。在青山葬仪场举行葬礼时，在他妻子柴田（市川）美保子的旁边站着一位很有气质的年轻女性，她像丧家成员般对着大家敬礼打招呼。

我一直以为他们家就只有市川先生和太太两个人，没想到之后有一次在附近的健身中心遇到，市川太太对我介绍说："这位是我女儿。"

原来市川先生在过世之前，收养了亲戚的女儿。因为他想原本两个人的夫妻生活，如果自己离开了，那独留下来的太太会很孤单寂寞，所以夫妻两人恳切商量后，就收了亲戚的女儿当作养女。这真是无微不至的安排。

因为市川先生走得突然，我原本担心就算是独立自主的柴田太太也会感到失落无助，但一想到有这样的安排，我就放下了心中的大石头。据说他们夫妻早就计划好了。我和她们两位一起用餐时，二人看起来不是紧紧相依，而是一种让人感觉很舒服的母女关系。

养子这种制度之前就存在，以传承及守护“家”为名，会把长男以外的孩子寄养给没有生养孩子的亲戚并继承其家业。

我父亲的弟弟，也就是我的叔父也是继承了亲戚的家。据说我家在明治时期的祖父那一代也是以养子身份继承下重家，所以我的姓氏才是下重。

我觉得与其像过去那样，不如由意气相投的人来缔结养父母关系也不错。

我认为就算没有血缘关系，但只要心灵相犀就足够了。

在欧美，收养没有血缘关系的孩子的例子很多。我的英语老师是一位美国女性，她有两个孩子，但是又收养了两个非洲孩子和一个亚洲孩子，并竭尽全力地养育他们。

到底为什么有些人这么在乎血缘关系呢？

有很多亲子无法从这样的束缚中自由解脱。如果可以更洒脱地想，到底是为什么不能割舍这样的束缚呢？如果这么做，许多家庭事件或纷争就可以获得某种程度的解决。

2014年高仓健[①]过世后，本来大家以为他和江利千惠美

① 1931—2014年，日本知名男演员。

离婚后一直是单身，但是没想到他居然还有养子，所以这件事还曾被媒体大肆地报道了一番。

他完全不曝光自己的私生活，浑身都是谜，当大家都把高仓健神化之时，我听到他有养子这件事，内心也为此松了一口气。

高仓健的身边能有一位和他心灵相通的人，我想这对他而言是一种救赎，像这样的名人很多都有养子。

例如，冈本太郎①，他生前，我曾去他位于青山的家里采访他，入口就有一个冈本太郎的人像，他那时就在这个人像旁说了“艺术是爆发”后，摆出和人像同样的姿势迎接我的到来。那时我接受了冈本先生一位女秘书无微不至的接待，之后据说太郎以养女的名义，让她入了户籍。

另一位是高峰秀子小姐，她除了是一位很棒的电影演员外，也是我很喜欢的散文作家，所以我从她的生活态度中学到很多，而且她也是电影导演松山善三的夫人。她之所以能成为作家，据说是因为一位崇拜她的女性编辑慧眼识英雄。

高峰小姐生前是松山家的养女，现今杂志上也有关于高峰秀子生活方式的连载。高峰秀子作为个体和女性编辑这个个体，将两者紧密相连在一起形成了这样的家庭形式。

我想这样的例子应该还有很多。彼此最能心心相印的朋

①1911—1996年，艺术家。

友，最终变成了家人。

前阵子我在电视上看到北原三枝，谈的是她的丈夫石原裕次郎[1]对工作的热情以及他与病魔对抗的过程。她那冷静但又充满怜惜之情的谈话方式，仿佛是对着丈夫耳边倾诉般自然。

其中有句话让我印象深刻："因为石原家没有孩子，所以只要在全家团圆时看到别人家的孩子，他都非常疼爱。"这让我想到有一间非常能打动我心的温泉旅馆叫作"川太郎"。前阵子在京都偶然和旅馆的女老板聊了起来。

据说，石原裕次郎把这间温泉旅馆当作自家一般地宽心放松。

石原裕次郎生病后就在这间温泉旅馆疗养，仿佛这里是他另一个秘密的家，全家对这里有非常深厚的信赖基础。当时的小孩现在已成为温泉旅馆的社长，我听着他缓缓诉说着过去的回忆。

他说石原裕次郎在"川太郎"有一个家庭，在"红屋"也有另一个家庭似的。虽然没有血缘关系，但彼此像是心有灵犀的家人，因此石原裕次郎才能保有内心安稳而安心疗养。

我想现在石原家族彼此的联系，依旧非常紧密。

①1934—1987年，知名演员。

他娶了北原三枝这位最爱的女人为妻，应该还是会“想要自己的家人”吧，北原三枝淡淡地说。

石原裕次郎想要的到底是什么呢？我想，他想要的不是身为演员的自己，而是一个能了解自己并且能放心表现出自己原本样子的安心地吧。

究竟这种“安心”是何物呢？我想即使不用说也知道，那就是和自己信赖的伙伴在一起，并且毫不掩饰地做自己。这若不是在彼此完全理解与信任的基石上，是难以成立的人际关系。我想这就是彼此的爱。如果没有默默爱着自己的家人，就不能称之为家人。

还有一个问题是我最近才深刻感受到的。在被爱的同时，我们也需要一个可以去爱的对象。

“孩子渐长，膝下犹空”，这是我一位评论家友人说的，我想大家或许能明白。我发觉最近越来越需要一个能让我去爱的对象。把小狗或小猫等当作自己的孩子一般疼爱、照顾也是一样的。有许多世间夫妻讨论的重点是宠物，这无非也是一种感情的寄托。

04

给离世家人的信

对于已经离开人世的家人，
要如何了解他们心中的想法呢？
我选择以写信的方式来了解家人，
同时也是了解自己。

了解家人就是了解自己

我想发挥天马行空的想象力，以维系家人内心的情感交流。我想知道哥哥、父亲以及母亲的感觉……但是对于已经不在这个世界的人，想要维系和他们之间的感情是相当困难的。若是这一切还有可能，我想跟他们沟通、问他们问题。但这样又能理解他们几分呢？不管是谁都无法完全理解别人的内心，因为我们连自己内心真实的想法都常常无法掌握，还妄想了解其他人的内心，简直是愚蠢可笑。

在过去的某个时间点，我放弃了那种想法。或许我们会以为，家人之间就算什么都不说也可以彼此了解。但即使表面上如此，人心犹如海底针，实在不可多加揣测。自以为理解的这种错觉会阻碍我们的心，这样或许会让我们失去观察他人眼光的正确性。

法国作家马塞尔·普鲁斯特（Marcel Proust）有一部作

品叫《追忆逝水年华》，若比拟之，我们可说“追忆逝去的家人”。为了追忆已逝的家人，我该怎么做比较好呢？我想了很多种方式，但是我发现，我现在唯一能做的，就是写信给已经离世的家人。

我平常很少写信给家人，因为我觉得很不好意思，加上也不知该写什么才好，所以对于写信给家人这件事一直感到手足无措。在结婚典礼或是生日宴上，时常会听到写给父亲或母亲的感谢信，我总觉得那些都是场面话，因为和内心最原始的感觉相去甚远。即使并非如此，本来就讨厌写信的人也还是不会想写信给家人。

我的家人已经离开人世，现在只留下在佛坛上的一个牌位。父亲和母亲的忌日，只要一看牌位就知道，但是哥哥的牌位在他自己的家人那里，不在我这边。

为了找回失去的联系，我决定写信给我的家人。

也许我现在不能毫不隐瞒地当面问他们，于是我开始提笔写信。《MOKU》杂志还连载并推荐了好几封“给父亲的信”“给母亲的信”“给哥哥的信”。

最后是我“给自己的信”。其实，最后我体悟到这并非是为了了解父母或哥哥而写的信，而是为了解自己所写的。因为想要了解家人就必须先了解自己，这也是为了确认自己还在人世。

给父亲的信——最重要的遗物

某天我从学校回到家，约有一整面榻榻米放了一堆闪闪发亮的东西，是银色三角形且犹如手掌心大小的东西，横竖放了好几列。

“这个是什么呢？”

母亲对着瞪着圆滚滚大眼睛的我解释，说这是要把麻雀赶走的东西，其实是朋友拿来给我们，要卖给农家的东西。

被剥夺公职的您不擅长做生意，不管做什么都不顺利，就算对于不熟悉的东西也想试试，可是都失败了。

您有时候一整天都关在书房里，当我想偷偷开门关心一下时，却会被您严厉训斥。书桌上有好几卷和纸的画纸，上面好像画着什么，长长的画纸另一端从书桌上垂了下来。那似乎是您从一位画家友人那里拿来的临摹工作吧。因为您在战时为了照顾无法温饱的画家先生，时常买画帮助他，所以他为了报恩，对当时贫苦的我们一家人伸出了援手。

当时有一位非常知名的M先生，在我入学考试时他也帮助过我。他是混血儿，有着茶色的头发和一种独特的说话方式，我那时还故意给M先生取了一个绰号叫“间谍先生”。

后来我终于知道您在画什么了。母亲过世后，我在整理老家时发现一个黑色的大型塑胶袋，打开一看不禁羞红了脸，原来那是描绘男女欢爱的春画。

我那时满脑子想着该怎么处理，丢掉当然是最简单的方式。但那是您的遗物，在战后的痛苦年代，因为要挣钱，您利用喜欢的画笔画了自己不擅长的违心作品，一阵阵的悲伤与痛楚袭上了我的心头。

我把那个黑色的塑胶袋带回广尾的公寓，小心翼翼地藏在仓库的最深处。

有次我的丈夫在整理仓库时发现后说：“这个袋子里面是什么啊？”我只好慌慌张张地把那个袋子拿去地下垃圾回收场丢掉了。

但是我舍不得全部丢掉，所以又拾了两三张放到自己的房间小心翼翼地藏着。因为这是您最重要的遗物。

给父亲的信——男人间的吵架

我听到男人互相嘶吼的声音。

一定是哥哥跟父亲您的声音没错，你们坐在坐垫上怒目而视。您穿着工作服般的衣服，哥哥穿着白衬衫配黑长裤的中学制服。

本来只是隔着桌子起了口角，但当我看到时桌子已被搬到一边，你们两位在坐垫的正中央对峙着。到底是哪一方先出手的我不确定，大概是火冒三丈的父亲您吧。

“我不会原谅你的。”您说这句话时放在膝上的双手微微发着抖。因为您曾在战场上受伤的缘故，所以只要一激动就会手脚颤抖，这是一种神经方面的疾病。自从您被剥夺公职，在做什么事都不顺利的状态下，暴怒嘶吼的情况也变多了。

哥哥正处于青春期，所以变得常常对您出言不逊。直接的原因到底是什么，我其实也不知道。你们叉腰挺直站着，然后就扭打在一起。

哥哥大吼：“我要杀了你！”

您马上回答：“那你就试试啊！”

母亲紧张地说：“你们两个快住手。”然后在你们之间来来回回地劝架。母亲似乎感觉到杀气，于是毫不迟疑地挡在你们中间。

“你不要挡路！”您大手一挥，一巴掌落在母亲的脸颊上，母亲虽被打倒在地可还是拼命抓紧了哥哥的衬衫，急切地说：“你快走！拜托！”

因为您当时的一巴掌，直接把母亲右耳的耳膜打破了。

我只能暗暗庆幸当时你们身旁没有锋利的东西或是棒棍等凶器。那一瞬间你们真的是充满仇恨地怒视着彼此。

常常耳闻亲子间容易发生一些冲突事件，但在家里何时何地会发生，我一点儿都不觉得意外。

我在角落静静地跪坐着，默默地看着这一切。

不久后，哥哥就离开了我们，被托付给了东京的祖父母照顾。

还记得那年，在屋外白雪皑皑的整个庭院，鱼腥草蔓延着。

给父亲的信——堕落的偶像

后来，我也被哥哥的反抗传染了。哥哥去了东京后，我对您的态度就明显地变了。我渐渐变得不愿开口叫您，也极力避免跟您见面。一起用餐的机会变少了，后来变得只要见面就会吵架。

不是有句话叫“人穷志不穷”吗？就算被剥夺了公职，但您仍然保有骨气，也很敏感。就算您拼命地想要压抑，但您的感性还是先于理性赤裸裸地显露出来。我不忍见到眼前“堕落的偶像”，所以尽量避免跟您面对面。

从学校回家的路上，远远看到您拖着不方便的脚一拐一拐地走着，我还曾因此特地绕远路回家。

或许您会觉得我是个没心没肺的女儿，但我希望您不要因此而丧志。在战后困苦的状况下，唯有您毅然挺立的样子，才是我内心的依靠。但是您的内心既温柔又容易受伤，我不想看到您那个样子。

在战后生活逐渐趋于稳定的过程中，我看到您微小的变化。

战败之后，您虽然嘴上常挂着对战争要负起责任，但是您的言行举止慢慢恢复以前那般，也开始和以前的朋友交往。

我更不愿意看到这种情况。虽然您应该是在深切反省，但是当社会舆论渐渐倒转，您似乎也变了，那到底又是为什么？

随着战后的混乱在社会上渐渐平息，被剥夺公职的政治家突然像雨后春笋般恢复了生命力，重新站了起来。

自卫队有意找您去当干部，但您说："我不想再从事这样的工作了。"这样的拒绝，我很认同。但是与您感情要好的同学都接受了这份工作。

我因为不愿跟您见面，所以中学毕业后就去上了大手前大学，为此我离开家，寄宿友人家中，开始了我的离家生活。

给父亲的信——家庭瓦解

哥哥去了东京的祖父母家，我则寄宿在大阪府厅的朋友家，为了去大手前大学做准备。只剩你们夫妻两个留在柏原的家里。

从柏原乘车到樟荫女子中校，这间俗称“千金小姐”的学校，升上高中的话班级名称会以月、雪、花来命名，升上大学的话则要穿着黑纹上衣搭配绿色日式裤裙，仿佛宝冢大学的学生般。新制中学刚成立时，本来我也想说是不是考私立学校也不错，但是经济上负担就会变重，加上都是女生这点和我的个性也不合。我的老师是从大手前大学毕业和进入京都大学的名门淑女，她邀请我和另一名友人一起去考大手前大学，还利用课余时间帮我们补习。

“女人呀，接下来要自食其力，所以现在要好好培养自己独立的能力才行。”

在我小学三年级时迎来日本的战败，目睹着大人的狼狈模样和不能跟上价值观迅速转换的悲惨。于是，我在心里暗自发誓，这辈子我一定要自己养活自己。那位老师给我之后人生的选择带来了长足的影响。

我进入大学后没多久，听说那位老师转调到东京的公立学校，因为和男同事谈恋爱，最后自杀了。我心里一直在想：当初鼓励我们要自立的老师为什么要这么做?

我怀疑和攻击的对象，由您转向了母亲。

母亲说："我虽然讨厌军人，但因为他是个爱画画的人，所以我决定跟他结婚。"但是她自以为好好完成了军人眷属的任务，然后一直留在您身边支持您的这种坚忍态度，让我心生厌恶。母亲是个心胸宽广的人，如果是在现代社会，她具有足够自立的条件。

每每回到老家，和您的意见相左时，我就会批判您，认为您的生活方式是错的。您似乎赞同我的想法，却又不时恢复您的思考模式，每天重复这样欺骗自己的生活。

当时我对于男女间的微妙情愫还什么都不懂。当忍耐不了时，母亲就会暂时离开家，去外面走一走再回来。本来感情和睦的手足关系和亲子关系都瓦解了，我一直认为原因全都出在您身上。

给父亲的信——主治医生的来信

安静的日子持续了一小段时间。您在您表兄当院长的医院帮忙处理经营医院的工作。哥哥转调到博德，我也从早稻田大学毕业，成了NHK的主播，之后就转调到了名古屋。因为彼此相隔一段距离，所以和您的争执也越来越少。

那个时候刚好接到母亲的来信告知您入院了。您年轻时得的肺结核再度复发，进入了一个位于清濑的肺结核疗养所。

您没有办法外出画您喜欢的素描，刚开始的写俳句的爱好也只能卧床创作，这是抗病生活中的小乐趣。

红绢轻挂衣架上

大吴风草上有深深浅浅的夕阳余晖

每一句都充满色彩，仿佛是美景近在眼前，配俳句的俳画也是巧夺天工，纵然身躯已老，卧躺在床的您不知是如何看待您自己的人生的呢？

如今我也爱上了俳句，第一次感受到您的创作句句感性，对于从眼前浮现的光景，我已能坦率地说出："我喜欢。"

我在名古屋待了两年后，转职到东京非常忙碌。那时刚好是电视的兴盛期，我从早到晚都被节目制作进度追着跑，忙到一点儿自己的时间都没有。

就在那时，您的主治医生写了一封信寄到NHK电视台给我。我打开一看，厚厚的一封信尽是责难我的内容：

"你在节目中总是笑容满溢，不知道有多少人被你的笑脸蒙骗了，事实上你是一个多么冷淡无情的人。在肺结核医院中被病魔折腾到孱弱瘦小的父亲，你居然一次都没有来探望过，不是吗？"

我忽视了主治医生的来信，不仅没有回信，也没有采取什么实际行动。我心里其实很生气——

"父亲与女儿之间长期的争执，你这个外人懂什么？我不希望被别人用一般的社会道德说三道四。"

在快要遗忘对您无法坦率的心情时，又因为这封信而忆起，我更加讨厌去那个医生所在的医院了。

给父亲的信——病情骤变

我去医院探望您时，已经是您即将离世之时了。因为我们收到医院的病危通知，所以我和母亲一起赶往医院。您刚好在前日做了肺积水的抽水手术，整个身体状况突然急转直下。

我从母亲那里听到的解释是，术后的伤口感染了真菌发炎。究竟是什么病或是病症，我其实并不清楚，因为我完全没有想过您在疗养所的状况会这样急剧变化。我想如果您活着，一定会反抗。

您的枕边贴着报纸上的我的大大相片和采访。即使是在病床上，也可以感受到您对我的处处关爱。

对于您的最后温柔，我感到无比的痛心难过。神经很敏感，感情高低起伏明显，拥有艺术家气质的您，最不适合的职业其实就是军人。

您把画家这个梦想藏在心里，从军校一直到职业军人，走向了一条和自己意志完全相反的道路，您的模样让我心痛不舍。战败后，您被剥夺了公职，拖着在战争中受伤的身体忍辱负重。在一旁看着您的我，没有比这个更令我痛心疾首，更觉得无法原谅的。

即使您只是虚张声势，但我仍然希望您坚毅挺拔。记得我小时候，您披上披风骑上马，驾马转身而去的非凡气势，至今仍然深刻地烙印在我的脑海里。那是我第一次感觉到原来父亲是这么英姿勃发，之后的变故把您击垮，这些都是我难以忍受的。

之后，随着日本渐趋稳定，您已不再是热爱绘画的您，而是渐渐变回接受军事教育时的军人价值观的您，这些都是我光看就难以接受的。

内心温柔，心里藏着纤细敏感的神经却不时显露在脸上，这些都是我装作没看到的。

为何我想别过脸去，因为您这般的温柔，而我遗传自您，所以别过脸不愿再看，也是我对自己的一种痛恨。

清濑的肺结核疗养所里，太阳西下，1979年4月11日，您咽下最后一口气的那日，褪了色的朵朵白樱仿佛飘浮在漆黑的黑暗之中。

给母亲的信——父母的信件

您的信几乎都是用有点儿透明的国外信纸所写的，有一封两三张信纸的，也有一封近十张的。

“我收到了你寄给我的第六号信了！”

只要一看某个地方就知道，你们彼此是在信上标上号码寄出的吧。您和远方的父亲持续了好一阵子通信的日子，尽管如此似乎还不够，等信等到心烦气躁的您，只要有时间就会再提笔写信。

“为何不写信给我呢？我在这里等得好孤单寂寞。每当邮差走了之后，我还是一天好几次地去确认邮箱里是否有你的信。小心不要感冒了，请保重身体。”

信上处处可见母亲担心父亲身体，等信等到天荒地老的少女心。

当我继续读信时，我内心为之一惊，因为信里有着我不认识的您。我看到的不是为人大方且乐于助人的您，也不是我记忆中的母亲，而是集热情奔放于一身、把想说想写的通通寄托在笔间的一个满怀情意的小女人。

那个时候若没有紧急的大事是不能使用电话或电报的，更没有电子邮件可使用，分隔两地的男女的联络方式就只有写信。把自己最火热、最炽烈的心情全部写在那重要的信件中，这是当然的。

新潟高田（现在的上越市）和父亲工作的地方有船班，至于这些信件到底要花多久才会送达，谁都不知道。

即使如此，这么一想感觉还是有点儿不喜欢。毕竟写信对我而言就是一种表达自己的方式。像母亲您这样轻易而且率直地表达自己的心情，并非我所擅长的。

可能这和您所生长的环境有关吧。冬日里灰蒙蒙一片的苍穹与毫无止息的大雪，积雪三四米深的话只能迫不得已从二楼进出。我想心思敏感的少女时代的您，身体里一定有着什么让您郁积的东西沉甸甸地压着，这么想也没什么不可思议的吧。

从那里唯一能破茧而出的方法就是和父亲结婚……于是，我想您的满腔热情与心意就朝向这个出口，犹如火山爆发般喷发出来。

给母亲的信——自信的母性

女性是生来就具备母性的吗？还是孩子出生后才开始意识到的呢？我其实不太清楚。

非用理性判断不可的东西，在母亲的感性中似乎变得似是而非了。因为我没有信心可以把孩子带好，所以得到了我丈夫的同意，决定放弃生养孩子。

我们特意不想生孩子还有另一个原因，可能您给我有形无形的关爱都是一种负担。

在和父亲通信的过程中，您曾说过，为了让父亲与前妻的孩子——我的哥哥——过着充满被疼爱的生活，所以您觉得生养一个属于自己的孩子很重要。我想您是拥有绝对自信的。您没有分亲疏内外，也没分是否是亲生骨肉，而是下定决心要把孩子养育成人。

当时3岁的哥哥时常出现在你们的信中。父亲和前妻所生的孩子被托育在祖父母家，“小伙子”新年不知会不会孤单呢？男儿节时想给他穿上武士盔甲或新的和服作纪念。您为了哥哥的事费尽心思，“好希望早点儿抱到小伙子”“小伙子看到会有多开心呢”等，我看到您写的内容，感觉到您特有的乐观和开朗，我看到您对一个未曾谋面的孩子如此费心，就能感受到您的心情。

但是我看到了之后，其实觉得很不安。为何您会这么自信呢？我认为就算是全心全意地真心对待，一切也未必会像您想的那般顺利。再仔细一想，这其实不就是一种自傲吗？

您的老家有一个净土真宗的佛堂，祖母是一个虔诚的佛教徒。她实践佛教的教诲，晚年一个人生活时甚至还曾有过见佛体验。

母亲这些乐观开朗的思维可能也都是来自祖母的影响，可能因为信仰佛教，所以也就打消了所有不安的想法。

您对自己保持着自信，选择一边接受父亲前妻的孩子，一边生下自己的孩子。这件事父亲的态度看似被动，他照着您的期望做，为的是希望一切能无风无浪。这一切乍看之下似乎都如您所愿，但至少在哥哥成年后，我知道他和您的关系变得……

给母亲的信——反抗旧生活

您还记得父亲官舍所在的大阪府柏原吗？前几天，我以前念的柏原小学同班同学吉本先生来东京时顺道来看我。他就是柏原小学后门转角吉本医院的那个，也是我少数还在联络的友人。

在谈话当中，他提到一些老师或友人及一些名人的名字，我几乎没什么印象了。那时我只对每天早上来配送牛奶，拥有侧脸犹如希腊雕刻般俊俏脸颊的少年感兴趣，那时每天早上从二楼悄悄地偷看牛奶配送少年，是我一整天的动力。

吉本先生说他上了电视节目《初恋讲义》后，曾来我们家送过礼物，当时我并不知道。我想您应该没有告诉我就悄悄处理掉了吧。只要您认为对于教养上不好的，大多都是瞒着我，不告诉我。虽然您会买需要的东西给我，但是我没有零用钱，就连连环画剧来了也不让我去看，我也不曾在庙会中买过棉花糖。

因为父亲工作的关系需经常转调，我也要经常转学，所以我并没有比较亲密的朋友。长大了之后，我的绰号叫“转学生”。您也许有您的教育方法，但正因为您满怀自信，我和哥哥都觉得受到了严格的管束。

我发泄不满的对象便转向了您。只要和父亲面对面就吵架，所以我就把怒气转向您，和已经过气的偶像父亲一起生活的您，我也渐渐变得无法再包容您。

“您的生活方式完全错了！”

我无法理解您身为妻子，为何要这般尽心尽力地照顾丈夫，我只想要自食其力好好地生活给你们看。于是我下定决心这一生一定要独立自主，不靠任何人。您虽然了解我的想法，但是在我毕业之后，我发现您期待我和家里认可的人结婚。那种表面上安稳的生活是我最憎恨的，因为我经历过战后军人家庭的严苛环境，所以拼命想要从这种环境中独立自主的想法开始萌芽，而您却想要把萌芽摘掉，以此断了我的念想。

每每和你们顶嘴后，我都去大和川的堤防静一静，从那边眺望远方二上山或生驹连峰，只有这个时候我才是我。我知道您虽然理解我想要新的生活方式，但是您被自己的生长环境和价值观所影响，而一直无法跳脱旧思维的窠臼。柏原对我而言就是塞满一幕幕战后景象，难以忘怀的地方。

给哥哥的信——无法挽回的遗憾

这大概是我第一次提笔给你写信。在你生前，我一次也不曾写信给你，没想到我会在你离世后给你写这封信。你因胰腺癌过世是11年前的事了，你花了整整1年的时间跟病魔缠斗。我从嫂子那里听到在你过世前一周，你们夫妻还一起去泡温泉，但之后却病情加重，被送到医院去。

我收到消息时你已经过世了，是我丈夫打电话给我时才知道这件事的。那一天我正在外地出差，准备去乡下参加演讲。工作结束后，我马上飞奔到你居住的城市。那时我丈夫已经先到了那里，阳台上你竭尽心力照顾的花钵一一摆放得好好的。

因为病况急转直下，所以你也没有太多痛苦，我内心稍稍感到了一丝安慰。即使如此，我还是一次都没有去探望你。父亲住院时，还有哥哥你入院时，我连一次都没有去看过你们……

父亲病危时我是下意识地不想去，但是我却不知道你也生病了，因为没有人告诉我。由此可知，我和你太太及你的孩子是有多么疏远了。你是我唯一的手足，我们并不是本来感情就不好，可为何会变成这样呢？

即使是手足，但长大后，个人的事变得更为紧要，再加上增加了新的家庭成员，慢慢地手足间的来往就少了。这或许是形势所趋，再想到我们家里刚好有人互相彼此憎恨，那么我们之间的关系如此冷漠也就不足为奇了。

但是就连生病也不彼此联络的手足，这……

如果我知道你会这么早走，我应该好好跟你聊一聊。彼此就这样带着误解而道别，这对我而言是何等的遗憾。为了解开这样的误会，现在我才提笔给你写这封信。

你在文部省的工作结束后，就空降到大学担任事务局局长，所以葬礼方面由大学方面来准备。

我看着来来往往前来吊唁的客人，站在一旁家属答礼时我细细回想着哥哥你的一生，从糖尿病到胰脏癌，等到发现时已回天乏术，这是你短暂的一生。

给哥哥的信——缠绕的线

所谓的人心，到底是如何擦肩而过的呢？因为考大学要用户口本，你第一次知道了你并非母亲亲生，你写了一封感谢的信给养育你的母亲，信上写着“我只有您一位母亲”。但不知从何时开始，你与母亲之间的鸿沟逐渐加深。我想哥哥你在东京祖母家和我们在大阪彼此分开生活是远因，而直接原因应该是第三者的介入——接受你回去并照顾你的祖母。

我想应该是祖母跟你说了一些关于母亲的事吧。对她而言，尽心尽力、无微不至地照顾你至3岁，祖母难免有一种养大的孙子被夺走的感觉吧，这个心结远比婆媳问题更棘手。我想或许你的生母也是难以忍耐，所以就这样抛下一切回娘家也说不定。

祖母是一个自视甚高的人，她不仅独立自主也很有能力，一直到她94岁去世之后，她身边还有能乐弟子，经济方面也能自力更生，所以她曾对我们说：“我不需要你们照顾。”

哥哥你虽然善良体贴，但是对我却并非知无不言。就连早稻田大学毕业后进入文部省的大嫂也是能乐的弟子，她也是祖母为你们牵线介绍的吧。

我高中毕业后，进入早稻田大学就读。之后，我离开大阪的家，来到东京祖母家一起生活。但是，后来我想如果我早一点儿回去和母亲一起住，也许就能修复我们之间那无法跨越的鸿沟了。

大嫂是住在成城的独生养女，因此你们婚后也搬到岳父家住，之后你们生育了一儿一女。

母亲那时也是诚心诚意地送上祝贺礼物，但一度紧紧缠绕住的线并没有因此解开。当我跟你说，我即将结婚的消息时，你刚好准备去九州大学赴任，记得你还送我香兰社的红茶。

不知是在什么样的契机下，你去拜访了亲生母亲所在的甲府。你告诉我，她后来再婚也生养了自己的孩子。只是她早已亡故，此生再也无法相见让你甚为遗憾。你初步掌握生母的消息跟我说时还有点儿得意欢喜，那时我在心里由衷地想跟你说：“找到生母真是太好了。”

如果可以，我想再跟爱酒也爱旅行的你来一次悠哉地促膝长谈……

给自己的信——最后还是孤身一人

父亲于35年前过世，母亲在10年后追随父亲的脚步而去，哥哥也在短时间内因病亡故，环顾我的身边已经没有任何亲人了。夏天时，我还操办了舅母的小小葬礼和纳骨仪式。

现在我身边可以称作家人的就只剩我的丈夫了。

随着家人渐渐远离，我慢慢地感到身边的空虚。母亲过世后，仿佛挡在我眼前的屏风瞬间被拿掉了，但霎时有一种接下来就要轮到我的感觉。

“你没有孩子，一定很寂寞吧？”可能很多人会这么认为。可是失去了曾经拥有的东西，这才叫寂寞，如果一开始就不曾拥有，我就不会有这种感觉。

为何我要回避家庭呢？因为家庭中有一些避也避不开的情感，所以失去时内心一定会感到悲哀难过。彼此紧紧依偎互相保护，沉浸在恬淡的感情中寻找内心的安慰，这样的装模作样、矫饰做作是我没有办法做到的。

我不想看到在自己生儿育女后，变得像我母亲一样，活生生地被剥夺了亲情之爱。

绝大多数的人因为做了父母，才感受到身为人的自我成长，但我想我是不想要这种成长的吧。

在自然界生生不息的循环中，一到春天，冬天枯槁之地就会接二连三地冒出新芽，这些都是在寒冬中坚毅忍耐着，等到春天来到而蓄势待发的生命。这样连绵不绝的生命循环让我感到不自在，我只想做我自己就好。

但是这并非我一人之力所能对抗的，想到我可能淹没在这滚滚洪流中，我就只能紧紧抓住这根微弱的稻草。

若是我最后的家人——我的丈夫也不在了，思及于此，我要开始准备习惯自己一个人。我想告诉自己，我在此世得生，就像我经过一条漫长的道路来到这个世间一般，最后只剩下孤身一人，人生或许就是这样一场孤单的修行。